人工智能技术的发展与应用

彭娟　陈欣　袁开友　著

辽宁科学技术出版社
·沈阳·

图书在版编目（CIP）数据

人工智能技术的发展与应用 / 彭娟 , 陈欣 , 袁开友
著 . 一沈阳 : 辽宁科学技术出版社 , 2023.9
ISBN 978-7-5591-3167-6

Ⅰ . ①人… Ⅱ . ①彭… ②陈… ③袁… Ⅲ . ①人工智
能 – 研究 Ⅳ . ① TP18

中国国家版本馆 CIP 数据核字 (2023) 第 153766 号

出版发行：辽宁科学技术出版社
　　　　　（地址：沈阳市和平区十一纬路 25 号邮编：110003）
印 刷 者：三河市华晨印务有限公司
经 销 者：各地新华书店
幅面尺寸：170 mm × 240 mm
印　　张：15
字　　数：200 千字
出版时间：2023 年 9 月第 1 版
印刷时间：2023 年 9 月第 1 次印刷
责任编辑：凌　敏
封面设计：优盛文化
版式设计：优盛文化
责任校对：于　倩

书　　号：ISBN 978-7-5591-3167-6
定　　价：98.00 元

联系电话：024-23284363
邮购热线：024-23284502
E-mail: lingmin19@163.com

前言
preface

　　人工智能是指利用计算机模拟、延伸和扩展人的智能的理论、方法、技术及应用系统，它是新一轮科技革命和产业变革的重要驱动力量，被看作第四次工业革命的引擎，对全球经济、社会发展具有十分重要的意义。现如今，我国经济发展正由要素驱动转变为创新驱动，同时面临传统产业转型升级的历史机遇和挑战，人工智能核心技术与传统行业的深度融合，将推动传统行业智能化和智能技术产业化发展。

　　实际上，人工智能不仅是一种快速发展的技术，而且是一种能力，它能够从经验中学习并自主地执行，这种能力使人工智能成为 21 世纪初最具变革性的技术。人工智能的迅猛发展不仅是一个科学技术领域的现象，它正在迅速改变人类社会的经济形态。

　　目前，人工智能技术已经逐步渗透到各行各业，包括制造、金融、医疗、交通、安全、智慧城市等领域。在未来，随着技术的不断迭代，人工智能应用场景将更为广泛，必将渗透到经济、社会发展的方方面面。

　　本书由彭娟、陈欣、袁开友共同撰写完成，其中彭娟撰写内容共计 10.2 万字，陈欣撰写内容共计 8.2 万字，袁开友撰写内容共计 8.1 万字，全书共分为 8 章，并划分为 3 个部分进行阐述。全书内容包括概述、人工智能的关键技术、人工智能在智能机器人领域的应用、人工智能技术的其他应用领域与开发环境、国际科技合作态势综合评估、人工智能的个人数据困境与应对、人工智能前沿发展与伦理安全探究。第一部分包括第一章、第二章。第一章先阐述了人工智能的起源和概念，然后阐述了人工智能的流派，包括符号主义、联结主义和行为主义，并介绍了智能化技术的发展；第二章对人工智能的关键技术进行阐述，包括计算机视觉、机器学习、生物特征识别、自然语言处理、人机交互技术。第二部分包括第三～五章，阐述人工智能技术在相关领域的应用，并研究了人工智能技术在国际有关领域的应用。第三部分包括第六～八章，讨论了在智能时代面对数据困境如何应对，并论述了人工智能技术带来的伦理问题。

人工智能是一门系统的技术，有其自身的理论体系和技术体系，因此，必须对其进行系统的分析，无论是它的基本概念还是一些具体技术，都必须遵循这一点。为此，本书力求对人工智能这一技术领域进行系统翔实的分析，使其更好地被读者或学术界相关学者所理解。

本书具有以下特点：一是通过深入浅出的分析，激发读者的自我学习兴趣；二是阐述基本概念或解释原理框架，让读者能切实理解和掌握人工智能的基本原理及相关应用知识；三是列举浅显易懂的例子，做到理论结合实际，让读者对本书内容的理解更加透彻。

希望通过本书的研究，能够对我国人工智能技术的发展和学术领域的研究尽一份绵薄之力。

由于作者的水平有限，书中难免会有纰漏与不足之处，敬请广大读者提出宝贵意见，并给予批评和指正。

作者

2023 年 7 月

目 录
contents

第一章 概述

第一节 人工智能的起源和定义

一、人工智能的起源

（一）第一次工业革命（机械化）

英国在资产阶级革命结束后，积极发展海上贸易，同时也进行了大范围的殖民统治，积累了丰富的资本，拓宽了海外市场和最廉价的原料产地。在英国国内，英国政府进一步推广"圈地运动"，获得了大量的廉价劳动力，促进了手工业的发展。蓬勃发展的手工业虽然增加了产量，但仍无法满足庞大的市场需求，于是一场生产手段的革命顺势而起。

第一次工业革命所开创的"蒸汽时代"（18 世纪 60 年代—19 世纪 40 年代），标志着农耕文明向工业文明的过渡，是人类发展史上的一个伟大奇迹。

1776 年，英国机械工程师詹姆斯·瓦特在纽科门蒸汽机的基础上改良制作了圆周式蒸汽机，使其效率大大提高。伴随蒸汽机的发明和改进，很多以前依赖人力与手工完成的工作被机械化生产所取代。1814年，英国工程师史蒂芬森研发的蒸汽机车被用于煤炭运输。

1825年，英国达文顿开通了第一列由蒸汽机车牵引的客运火车。此后，各国开始部署和研发自己的火车线路。

美国人改进了史蒂芬森研发的蒸汽机车，加大了轨道间距，并且减轻了上层重量。通过使用效率更高的锅炉，美国提高了自身工业化水平，并为美国领军第二次工业革命打下了基础。正如马克思所说，蒸汽机的发明与应用，在短时间内改变了整个世界的面貌：①促进了交通运输业的革新；②带动了许多工业部门的发展；③促进了近代城市的兴起。该技术出现不到100年所创造的生产力超越了人类过去的全部生产力总和，不同国家对该技术的不同态度也影响了世界格局数百年的兴衰沉浮。

（二）第二次工业革命（电气化）

19世纪70年代到20世纪初，美国、德国和日本等国家开辟了统一的国内市场，资本主义世界市场初步形成，商品需求量的进一步扩大需要更轻便、快捷的运输工具，而以蒸汽机为动力的机器生产已不能满足这些需要。

1840—1950年，以电气工业的出现和发展为标志，开启了第二次工业革命，世界由"蒸汽时代"进入"电气时代"。电力、钢铁、铁路、化工、汽车等重工业兴起，石油成为新能源并促使交通迅速发展，使世界各国的交流更为频繁，并逐渐形成一个全球化的国际政治、经济体系。

法拉第发现的电磁感应理论是19世纪物理学的巨大成就，为电能的广泛应用提供了理论基础，在第一次工业革命后期揭开了第二次工业革命的序幕。法拉第利用电磁感应发明了世界上第一台发电机——法拉第圆盘发电机。自从有了电，电动机和各种电器真正地惠及千家万户，点亮了一个又一个黑夜。19世纪70年代以后，发电机、电动机的相继发明和远距离输电技术的出现，使电气工业迅速发展起来，电力在生产和生活中得到广泛应用。内燃机的出现及广泛应用，为汽车和飞机工业的发展奠定了基础，推动了石油工业、冶金、造船、机器制造、交通运输、电信等行业的快速发展和技术革新。

（三）第三次工业革命（自动化）

从20世纪四五十年代开始，以原子能、电子计算机、微电子技术、航天技术、分子生物学和遗传工程等领域取得重大突破为标志，开启了第三次工业革命，也称第三次科技革命。这次科技革命不仅极大地推动了人类社会政治、经济、文化领域的变革，而且影响了人类的生活方式和思维方式，使人类社会生活和现代化向更高境界发展。

第三次工业革命的出现是科学理论的重大突破，也是社会发展的需要，特别是第二次世界大战期间和第二次世界大战后各国对高科技的迫切需要。

从第一台电子计算机诞生至今，虽仅有约70年的历史，但已经历经四代变革，第一代是电子管计算机，第二代是晶体管计算机，第三代是集成电路计算机，第四代是大规模集成电路计算机。目前，正在向第五代——会思考的计算机过渡。从1980年开始，微型计算机迅速发展。电子计算机的广泛应用促进了生产自动化、管理现代化、科技手段现代化和国防技术现代化，也推动了情报信息的自动化。以全球互联网为标志的信息高速公路正在缩短人类交往的距离。同时，随着合成材料的发展、遗传工程的诞生，以及信息论、系统论和控制论的发展，第三次工业革命使传统工业机械化、自动化程度更高，降低了工作成本，彻底改变了整个社会的运作模式，也创造了计算机工业这一高科技产业。它是人类历史上规模最大、影响最深远的科技革命。

第三次工业革命使全球信息和资源交流变得更为迅速，大多数国家和地区都被卷入全球化进程之中，人类文明的发达程度也达到空前的高度。

（四）第四次工业革命（智能化）

就在第三次工业革命方兴未艾之际，我们悄然迎来了第四次工业革命——以人工智能、物联网、机器人技术、量子信息技术、虚拟现实及生物工程技术等为主导的全新的技术革命，包括但不限于工业 4.0 侧重的制造业革新。

20 世纪后期，以系统科学的兴起到系统生物科学的形成为标志，开启了第四次工业革命，即第四次科技革命。围绕发展新能源和系统性的生物科学技术，整合不同学科、理论、技术、资源等，使智能化成为可能，推进能源结构向经济结构转变。在此期间，诞生了大量新的生态体系及技术，如人机交互、模拟技术、云计算、物联网、智能生产、大数据、增强现实技术等。

2013 年，在德国汉诺威工业博览会上，科学家们讨论了智能机器人技术和目前最具代表性的虚拟现实技术与生物工程技术等。

在未来的发展过程中，普通工厂将逐步消失，取而代之的是智能化工厂。第四次工业革命的愿景是把虚拟世界与现实世界整合在一起，实现虚拟控制下的一体化，打造智能化工厂。智能化工厂可以通过数据交互技术实现设备与设备、设备与工厂、各工厂之间的无缝对接，并实时监测分散在各地的生产基地。采取这种结合方式，不仅可以实现大规模批量生产，而且具有个性化和灵活性的特征，从而能降低个性化定制产品的成本，并能缩短产品的上市时间。这样既能使资源得到更有效的利用，又能降低生产过程中的风险，使产品生产和制造过程中的不确定因素变得可视化。第四次工业革命的最终目标就是使人类生活全面智能化。这使得第四次工业革命具有个性化、人性化、网络化、智能化等特点。

二、人工智能的定义

在古代的各种诗歌和著作中，就有人不断幻想将无生命的物体变成有生命的人类。

公元 8 年，罗马诗人奥维德（Ovid）完成了《变形记》，其中象牙雕刻的少女变成了活生生的少女。

公元 200—500 年，《塔木德》中描述了使用泥巴创造犹太人的守护神的故事。

1816 年，人工智能机器人的先驱玛丽·雪莱[①]在《弗兰肯斯坦》中描述了人造人的故事。

人类一直致力于创造越来越精密、复杂的机器来节省体力，也发明了很多工具用于降低脑力劳动量，如算筹、算盘和计算器等，但它们的应用范围十分有限。随着第三次工业革命的到来，遵循摩尔定律，机器的算力实现了几何级数的增加，推动了 AI（Artificial Intelligence，人工智能）应用的落地。

（一）人工智能的由来

人工智能学科诞生于 20 世纪 50 年代中期，当时由于计算机的出现与发展，人们开始了真正意义上的人工智能的研究。虽然计算机为 AI 提供了必要的技术基础，但直到 20 世纪 50 年代早期，人们才注意到人类智能与机器之间的联系。诺伯特·维纳[②]是最早研究反馈理论的美国人之一，最著名的反馈控制的例子是自动调温器，它将采集到的房间温度与希望的温度进行比较，并作出反应将加热器开大或关小，从而控制房间温度。这项研究的重要性在于从理论上指出了所有的智能活动都是反馈机制的结果，对早期 AI 的发展影响很大。

1956 年，美国达特茅斯学院助教麦卡锡、哈佛大学明斯基、贝尔实

---

① 玛丽·雪莱（Mary Shelley，1797—1851 年），英国著名小说家，其丈夫是英国著名浪漫主义诗人珀西·比希·雪莱，因其 1818 年创作了文学史上第一部科幻小说《弗兰肯斯坦》（或译《科学怪人》），而被誉为科幻小说之母。

② 诺伯特·维纳（Norbert Wiener，1894 年 11 月 26 日—1964 年 3 月 18 日），男，美国应用数学家，控制论的创始人，在电子工程方面贡献良多。他是研究随机过程和噪声过程的先驱，又提出了"控制论"一词。

验室香农、IBM公司（International Business Machines Corporation，简称IBM）信息研究中心罗彻斯特、卡内基·梅隆大学① 纽厄尔和赫伯特·西蒙、麻省理工学院塞夫里奇和所罗门夫，以及IBM公司塞缪尔和莫尔，在美国达特茅斯学院举行了为期两个月的学术讨论会，从不同学科的角度探讨了人类各种学习和其他智能特征的基础，以及用机器模拟人类智能等问题，并首次提出了"人工智能"这一术语。从此，人工智能这门新兴的学科诞生了。这些人的研究专业包括数学、心理学、神经生理学、信息论和计算机科学，他们从不同的角度共同探讨了人工智能的可能性。对于他们的名字人们并不陌生，如香农是信息论的创始人，塞缪尔编写了第一个计算机跳棋程序，麦卡锡、明斯基、纽厄尔和西蒙都是"图灵奖"的获得者。

这次会议之后，美国很快成立了3个从事人工智能研究的中心，即以西蒙和纽厄尔为首的卡内基·梅隆大学研究组，以麦卡锡、明斯基为首的麻省理工学院研究组，以塞缪尔为首的IBM公司研究组。

（二）人工智能的基本概念

《牛津英语词典》将"智能"定义为"获取和应用知识与技能的能力"。按照该定义，人工智能就是人类创造的能够获取和应用知识与技能的程序、机器或设备。

尼尔逊教授对人工智能下了这样一个定义："人工智能是关于知识的学科——怎样表示知识及怎样获得知识并使用知识的科学。"

美国麻省理工学院（MIT）教授帕特里克·温斯顿（Patrick Winston）认为："人工智能就是研究如何使计算机去做过去只有人才能做的智能工作。"

---

① 卡内基·梅隆大学（Carnegie Mellon University，简称CMU）坐落于美国宾夕法尼亚州的匹兹堡，是一所拥有14800名在校学生和1483名教职工及科研人员的大学，是美国25所新常春藤盟校之一。除了在匹兹堡，CMU还在美国硅谷及卡塔尔设有校区，且在世界各地设有合作研究机构，包括中国、澳大利亚、葡萄牙、卢旺达等国家，纽约、洛杉矶、华盛顿特区等地区。

上述定义反映了人工智能的基本思想和基本内容。本书认为，人工智能是指在特定的约束条件下，针对思维、感知和行动的模型的一种算法或程序。

什么是模型？为什么需要建模？

1.金字塔问题

最早的金字塔建造于4600多年以前，坐落在撒哈拉沙漠的边缘，守护着一望无际的戈壁、沙丘和肥沃的绿洲。

金字塔究竟有多高呢？由于年代久远，它的精确高度连埃及人也无法得知。金字塔又高又陡，况且又是法老们的陵墓，出于敬畏心理，没人敢登上去进行测量。所以，要精确地测出它的高度并不容易。大哲学家泰勒斯站在沙漠中苦思冥想一番，给出了他的解决方案：利用等腰直角三角形和相似三角形的基本原理，轻而易举地测出了金字塔的高度。这个例子解释了"为什么模型化思维非常重要"，因为模型提供了复杂世界的缩微的、抽象的版本，在这个缩微的版本中，我们更容易阐述、发现一些规律，然后通过理解这些规律，找到解决现实问题的途径。

当然，也正因为模型对现实世界的简化而丢失了一些信息，这也是利用模型解决现实问题经常要面对的麻烦。丘吉尔说过："两个经济学家讨论一个问题，通常得出两种结论；如果其中一人为著名经济学家，结论必有3个以上。"因为他们用的模型不同。

为了让计算机能够处理模型，我们需要使用特定的表达方式来表示关于思维、感知和行动的模型，并且需要附上符合模型的约束条件。

2.农夫过河问题

一个农夫需要带一匹狼和两只羊过河，他的船每次只能带一只动物过河，人不在时狼会吃羊，怎样乘船才能把这些动物安全运过河呢？我们使用如下方式表示问题状态空间：[农夫，狼，羊1，羊2]，所有物体都有两种状态，分别为0和1，0表示未过河，1表示已过河。

这样一来，问题转化为如何从[0，0，0，0]转变为[1，1，1，1]，而其中的约束条件为狼在农夫不在的时候会吃掉羊，因此 $[0, 1, 1, 1]$ $[0, 1, 1, 0]$ $[0, 1, 0, 1]$ $[1, 0, 0, 1]$ $[1, 0, 0, 0]$ 和 $[1, 0, 1, 0]$ 这几种状态不能出现，否则狼会吃掉羊。

有了具体的表示方法和约束条件，我们在解决问题的时候就可以精确描述问题，由此 可以得到答案：$[0, 0, 0, 0] \rightarrow [1, 1, 0, 0] \rightarrow [0, 1, 0, 0] \rightarrow [1, 1, 1, 0] \rightarrow [0, 0, 1, 0] \rightarrow [1, 0, 1, 1] \rightarrow [0, 0, 1, 1] \rightarrow [1, 1, 1, 1]$。

第二节　人工智能的流派

根据前面的论述，我们知道要理解人工智能就要研究如何在一般的意义上定义知识。可惜的是，准确定义知识也是一个十分复杂的事情。严格来说，人们最早使用的知识定义是柏拉图在《泰阿泰德篇》中给出的，即"被证实的（justified）、真的（true）和被相信的（believed）陈述"，简称知识的 JTB 条件。

然而，这个延续了 2000 多年的定义在 1963 年被美国哲学家盖梯尔否定了。盖梯尔提出了一个著名的悖论（简称"盖梯尔悖论"），该悖论说明柏拉图给出的知识定义存在严重缺陷。虽然后来人们给出了很多知识的替代定义，但直到现在仍然没有定论。

但关于知识，至少有一点是明确的，那就是知识的基本单位是概念。精通掌握任何一门知识，必须从这门知识的基本概念开始学习。而知识自身也是一个概念。因此，如何定义一个概念，对于人工智能具有非常重要的意义。给出一个定义看似简单，实际上是非常难的，因为经常会涉及自指的性质。一旦涉及自指，就会出现非常多的问题，很多的语义悖论都出于概念自指。关于这方面的深入讨论，有兴趣的可以读一读侯世达的《哥德尔、艾舍尔、巴赫：集异壁之大成》，该书对于概念自指有一些非常深入浅出的例子。

知识本身也是一个概念，这件事情非同寻常。据此，人工智能的问题就变成了如下 3 个问题：如何定义（或者表示）一个概念；如何学习一个概念；如何应用一个概念。因此，对概念进行深入研究就非常必要了。

那么，如何定义一个概念呢？简单起见，这里先讨论最为简单的经典概念。经典概念的定义由三部分组成：第一部分是概念的符号表示，即概念的名称，说明这个概念叫什么，简称"概念名"；第二部分是概念的内涵表示，由命题来表示，命题就是能判断真假的陈述句；第三部分是概念的外延表示，由经典集合来表示，用来说明与概念对应的实际对象是哪些。

举一个常见的经典概念的例子——素数。其概念名在汉语中为"素数"，在英语中为"prime number"；其内涵表示是一个命题，即只能够被 1 和自身整除的自然数；其外延表示是一个经典集合，就是 $\{1, 2, 3, 5, 7, 11, 13, 17, \cdots\}$。

概念有什么作用呢？或者说概念定义的各个组成部分有什么作用呢？经典概念定义的三部分各有其作用，且彼此不能互相代替。具体来说，概念有 3 个作用或功能，要掌握一个概念，必须清楚其 3 个功能。

第 1 个功能是概念的指物功能，即指向客观世界的对象，表示客观世界的对象的可观测性。对象的可观测性是指对象对于人或者仪器的知觉感知特性，不依赖于人的主观感受。举一个《阿 Q 正传》①里的例子："那赵家的狗，何以看我两眼呢？"句子中"赵家的狗"应该是指现实世界当中的一条真正的狗。但概念的指物功能有时不一定能够实现，有些概念设想存在的对象在现实世界并不存在，如"鬼"。

第 2 个功能是概念的指心功能，即指向人心智世界里的对象，代表心智世界里的对象表示。鲁迅有一篇著名的文章《"丧家的""资本家的

---

① 《阿 Q 正传》是鲁迅创作的中篇小说，创作于 1921 年 12 月，最初发表于北京《晨报副刊》，后收入小说集《呐喊》。

乏走狗"》，显然，这个"狗"不是现实世界的狗，只是他心智世界中的狗，即心里的狗（在客观世界，梁实秋先生显然无论如何不是狗）。概念的指心功能一定存在。如果对于某一个人，一个概念的指心功能没有实现，则该词对于该人不可见，简单地说，该人不理解该概念。

第 3 个功能是概念的指名功能，即指向认知世界或者符号世界表示对象的符号名称，这些符号名称组成各种语言。最著名的例子是乔姆斯基的"colorless green ideassleep furiously"，这句话翻译过来是"无色的绿色思想在狂怒地休息"。这句话没有具体意思，但是完全符合语法，纯粹是在语义符号世界里，即仅仅指向符号世界而已。当然也有另外的，"鸳鸯两字怎生书"指的就是"鸳鸯"这两个字组成的名字。一般情形下，概念的指名功能依赖于不同的语言系统或者符号系统，由人类所创造，属于认知世界。同一个概念在不同的符号系统里，概念名不一定相同，如汉语称"雨"，英语称"rain"。

根据波普尔的 3 个世界理论，认知世界、物理世界与心理世界虽然相关，但各不相同。因此，一个概念的 3 个功能虽然彼此相关，但又各不相同。更重要的是，人类文明发展至今，这 3 个功能不断发展，彼此都越来越复杂，但概念的 3 个功能并没有改变。

在现实生活中，如果要了解一个概念，就需要知道这个概念的 3 个功能：要知道概念的名字；也要知道概念所指的对象（可能是物理世界）；更要在自己的心智世界里具有该概念的形象（或者图像）。如果只有一个，那是不行的。

举一个简单的例子。清华大学计算机系的马少平教授曾经讲过一个很有趣的故事：有一天马老师出去开会，自己在一张桌子上吃饭。有人就过来问他是哪个单位的，马老师回答说是清华大学的。那人听了很高兴，就接着问他是清华大学哪个系的，马老师说是计算机系的。那人说："我认识清华大学计算机系的一位老师，不知您认不认识？"马老师回应："我在清华大学计算机系待了 30 年，你说的老师我应该认识。"那人很骄傲地一抬头说："我认识马少平。"

这个人认识马少平老师吗？显然，不能说他认识，因为他不知道跟他说话的就是马少平。所以，掌握一个概念需要"三指"都对才行。如果只能指名、不能指物，还是不能说理解了相应的概念。

知道了概念的 3 个功能之后，就可以理解人工智能的 3 个流派以及各流派之间的关系。人工智能也是一个概念，而要使一个概念成为现实，自然要实现概念的 3 个功能。人工智能的 3 个流派关注于如何才能让机器具有人工智能，并根据概念的不同功能给出了不同的研究路线。专注于实现 AI 指名功能的人工智能流派称为符号主义；专注于实现 AI 指心功能的人工智能流派称为连接主义；专注于实现 AI 指物功能的人工智能流派称为行为主义。

一、符号主义

符号主义的代表人物是西蒙（Simon）与纽厄尔（Newell），他们提出了物理符号系统假设，即只要在符号计算上实现了相应的功能，那么在现实世界就实现了对应的功能，这是智能的充分必要条件。因此，符号主义认为，只要在机器上是正确的，现实世界就是正确的。说得更通俗一点，指名对了，指物自然正确。

在哲学上，关于物理符号系统假设也有一个著名的思想实验——图灵测试。图灵测试要解决的问题就是如何判断一台机器是否具有智能。

图灵测试的思想实验如下：一个房间里有一台计算机和一个人，计算机和人分别通过各自的打印机与外面联系。外面的人通过打印机向屋里的计算机和人提问，屋里的计算机和人分别作答，计算机尽量模仿人。所有回答都是通过打印机用语言描述出来的。如果屋外的人判断不出哪个回答是人、哪个回答是计算机，就可以判定这台计算机具有智能。图灵测试示意图见图 1-1。

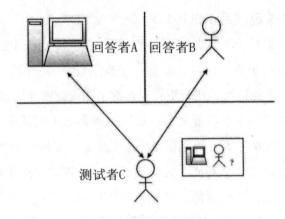

图 1-1　图灵测试示意图

显然，上述测试都是在符号层面进行的，是一个符号测试方式。这个测试方式具有十分重要的意义。因为截至目前，并没有人给出一个能被大家一致认可的智能的内涵定义，而如何判定是否具有智能就面临很大困难。有了图灵测试，我们就可以将研究智能的重点放在智能的外在功能性表现上，使智能在工程上看似是可以实现和判断的。

图灵测试将智能的表现完全限定在指名功能里。但马少平教授的故事已经说明，只在指名功能里实现了概念的功能，并不能说明一定实现了概念的指物功能。实际上，根据指名与指物的不同，美国哲学家塞尔（Searle）专门设计了一个思想实验用来批判图灵测试，这就是著名的中文屋实验。

中文屋实验设计如下：一个人住在一个房间里，他只懂英文。但是在这个房间里有一个构造好的计算机程序，这个计算机程序可以根据中文输入回答任意的中文问题，同时这个房间有一个窗口可以递出和递入纸条。通过这个窗口递入中文问题，屋里的人按照这个计算机程序输出相应的中文答案。由于其应对无误，显然屋外的人会认为其精通中文，但实际上屋里的人对中文一无所知。

中文屋实验明确说明，即使符号主义成功了，全是符号的计算机跟现实世界也不一定搭界，即完全实现了指名功能也不证明具有智能。这是哲学上对符号主义的一个正式批判，明确指出了按照符号主义实现的人工智能不等同于人的智能。

虽然如此，符号主义在人工智能研究中依然扮演了重要角色，其早期工作的主要成就体现在机器证明和知识表示上。在机器证明方面，早期 Simon 与 Newell 作出了重要的贡献，王浩、吴文俊等华人也得出了很重要的结果。机器证明以后，符号主义最重要的成就是专家系统和知识工程，最著名的学者就是费根鲍姆（Feigenbaum）。如果认为沿着这一条路就可以实现全部智能，显然存在问题。日本第五代智能机就是沿着知识工程这条路走的，其后来的失败在现在看来是完全合乎逻辑的。实现符号主义面临的现实挑战主要有 3 个。第一个是概念的组合爆炸问题。每个人掌握的基本概念大约有 5 万个，其形成的组合概念却是无穷的。因为常识难以穷尽，推理步骤可以无穷。第二个是命题的组合悖论问题。两个都是合理的命题，合起来就变成了没法判断真假的句子了，如著名的柯里悖论①。第三个也是最难的问题，即经典概念在实际生活当中是很难得到的，知识也难以提取。上述 3 个问题成了符号主义发展的瓶颈。

二、连接主义

连接主义认为大脑是一切智能的基础，主要关注于大脑神经元及其连接机制，试图发现大脑的结构及其处理信息的机制，揭示人类智能的本质机制，进而在机器上实现相应的模拟。前面已经指出知识是智能的基础，而概念是知识的基本单元，因此连接主义实际上主要关注于概念的心智表示以及如何在计算机上实现其心智表示，这对应着概念的指心功能。2016 年发表在《自然》（Nature）上的一篇学术论文揭示了大脑语义地图的存在性，文章指出概念都可以在每个脑区找到对应的表示区，证实概念的心智表示是存在的。因此，连接主义也有其坚实的物理基础。

---

① 柯里悖论（Curry's paradox）是由美国数理逻辑学家哈斯凯尔·布鲁克·柯里（Haskell Brooks Curry）提出的一种悖论。

连接主义学派的早期代表人物有麦克洛克、皮茨、霍普菲尔德等。按照这条路，连接主义认为可以实现完全的人工智能。对此，哲学家普特南设计了著名的"缸中之脑实验"，可以看作对连接主义的一个哲学批判。

缸中之脑实验描述如下：一个人（可以假设是你自己）被邪恶科学家进行了手术，脑被切下来并放在存有营养液的缸中。脑的神经末梢被连接在计算机上，同时计算机按照程序向脑传递信息。对于这个人来说，人、物体、天空都存在，神经感觉等都可以输入，这个大脑还可以被输入、截取记忆（如截取掉大脑手术的记忆），然后输入他可能经历的各种环境、日常生活，甚至可以被输入代码，"感觉"到自己正在阅读一段有趣而荒唐的文字。缸中之脑实验示意图见图1-2。

图1-2 缸中之脑实验示意图

缸中之脑实验说明即使连接主义实现了，指心没有问题，但指物依然存在严重问题。因此，连接主义实现的人工智能也不等同于人的智能。

尽管如此，连接主义仍是目前最为大众所知的一条AI实现路线。在围棋上，采用了深度学习技术的AlphaGo[①]战胜了李世石，之后又战胜

---

① 阿尔法狗（AlphaGo）是第一个击败人类职业围棋选手、第一个战胜围棋世界冠军的人工智能机器人，由谷歌（Google）旗下DeepMind公司戴密斯·哈萨比斯领衔的团队开发。其主要工作原理是"深度学习"。

了柯洁。在机器翻译上，深度学习技术已经超过了人翻译的水平。在语音识别和图像识别上，深度学习技术也已经达到了实用水准。客观地说，深度学习技术的研究成就已经取得了工业级的进展。

但是，这并不意味着连接主义就可以实现人的智能。更重要的是，即使要实现完全的连接主义，也面临极大的挑战。到现在为止，人们并不清楚人脑表示概念的机制，也不清楚人脑中概念的具体表示形式、表示方式和组合方式等。现在的神经网络与深度学习技术实际上与人脑的真正机制距离尚远，并非人脑的运行机制。

三、行为主义

行为主义假设智能取决于感知和行动，不需要知识、表示和推理，只需要将智能行为表现出来就好，即只要能实现指物功能就可以认为具有智能了。这一学派的早期代表作是布鲁克斯（Brooks）的六足爬行机器人。

对此，哲学家普特南也设计了一个思想实验，可以看作对行为主义的哲学批判，这就是——完美伪装者和斯巴达人。完美伪装者可以根据外在的需求进行完美地表演，需要哭的时候可以哭得撕心裂肺，需要笑的时候可以笑得兴高采烈，但是其内心可能始终冷静如常。斯巴达人则相反，无论其内心是激动万分还是心冷似铁，其外在总是一副泰山崩于前而色不变的表情。完美伪装者和斯巴达人的外在表现都与内心没有联系，这样的智能如何从外在行为进行测试？因此，行为主义路线实现的人工智能也不等同于人的智能。

对于行为主义路线，其面临的最大困难可以用莫拉维克悖论来说明。所谓莫拉维克悖论，是指对计算机来说困难的问题是简单的，简单的问题是困难的，最难以复制的反而是人类技能中那些无意识的技能。目前，模拟人类的行动技能面临很大挑战。比如，波士顿动力公司人形机器人可以做高难度的后空翻动作，大狗机器人可以在任何地形负重前行，其行动能力似乎非常强。但是这些机器人都有一个很大的缺点——能耗过高、噪音过大。大狗机器人原是美国军方订购的产品，但因为大狗机器人开动时的声音在十里之外都能听到，大大提高了其成为活靶子的可能性，故其在战场上几乎没有实用价值，美国军方最终放弃了采购。

第三节 智能化技术发展沿革

近期，人工智能的进展主要集中在专用人工智能的突破方面，如AlphaGo在围棋比赛中战胜人类冠军，AI程序在大规模图像识别和人脸识别中达到了超越人类的水平，甚至协助诊断皮肤癌达到专业医生水平。

一、专用人工智能的突破

因为特定领域的任务相对单一、需求明确、应用边界清晰、领域知识丰富，所以建模相对简单，人工智能在特定领域更容易取得突破，更容易超越人类的智能水平。如果人工智能具备某项能力以代替人来做某个具体岗位的重复的体力劳动或脑力劳动工作，就是专用人工智能。下面具体介绍专用人工智能的应用情况。

（一）AI + 传媒

传媒领域存在大量跨文化、跨语言的交流和互动，应用人工智能语音识别合成技术，能够根据声纹特征，将不同的声音识别成文字，同时能够根据特定人的声音特征，将文本转换成特定人的声音，并能在不同的语言之间进行实时翻译，将语音合成技术和视频技术相结合，形成虚拟主播，进行新闻播报。

1.语音实时转化为文字

2018年初，科大讯飞股份有限公司（简称：科大讯飞）推出了"讯飞听见"APP，基于科大讯飞强大的语音识别技术、国际领先的翻译技术，为广大用户提供语音转文字、录音转文字、智能会议系统、人工文档翻译等服务，能够将语言实时翻译成中文和英文。目前，讯飞开放平台上的在线日服务量已超 35 亿人次，用户数超 10 亿。

2. 讯飞翻译机

在 2017 年北京硅谷高科技创新创业峰会（简称硅谷商创会）上，志愿者使用讯飞翻译机更好地服务外国来宾，降低了志愿者的工作压力。工作人员细心周到的团队服务和翻译机精准流畅的即时翻译，受到了与会嘉宾的一致赞扬。讯飞翻译正式成为科大讯飞自有技术布局的重要赛道，除推出面向普通消费者的讯飞翻译机外，面向会务、媒体等多种场合的"讯飞听见"实时中英文转写服务也屡次被报道。

3. 语音合成——纪录片《创新中国》重现经典声音

2018 年播出的大型纪录片《创新中国》，要求使用已故著名配音演员李易的声音进行旁白解说。科大讯飞利用李易生前的配音资料，成功生成了《创新中国》的旁白语音，重现经典声音。在这部纪录片中，由 AI 全程担任"解说员"。制片人刘颖曾表示，就自身的体验而言，除部分词汇之间的衔接略有卡顿外，很难察觉是 AI 进行的配音。

4. 语音＋视频合成——AI 合成主播

AI 合成主播是 2018 年 11 月 7 日第五届世界互联网大会上，搜狗与新华社联合发布的全球首个全仿真智能 AI 主持人。通过语音合成、唇形合成、表情合成及深度学习等技术，生成具备与真人主播一样的播报能力的 AI 合成主播。AI 合成主播使用新华社中英文主播的真人形象，配合搜狗"分身"的语音合成等技术，模拟真人播报画面。这种播报形式突破了以往语音和图像合成领域中，只能单纯创造虚拟形象并配合语音输出唇部效果的约束，提高了观众获取信息的真实度。利用搜狗"分身"技术，AI 合成主播还能实时、高效地输出音频、视频合成效果，使用者通过文字键入、语音输入、机器翻译等多种方式输入文本后，就可以获得实时的播报视频。这种操作方式将减少新闻媒体在后期制作方面的各项成本，提高新闻视频的制作效率。同时，AI 合成主播拥有和真人主播同样的播报能力，能 24 小时不间断播报。

（二）AI + 安防

应用人工智能技术能够快速提取安防摄像头得到的结构化数据，与数据库进行对比，实现对目标的性状、属性及身份的识别。在人群密集的各种场所，可根据形成的热度图判断是否出现人群过密、混乱等异常情况并实时监控。智能安防能够对视频进行周界监测与异常行为分析，能够判断是否有行人及车辆在禁区内长时间徘徊、停留、逆行等，能够监测人员奔跑、打斗等异常行为。

1. 天网工程

天网工程是指为满足城市治安防控和城市管理需要，利用 GIS（Geographic Information System，地理信息系统）地图、图像采集、传输、控制、显示等设备和控制软件，对固定区域进行实时监控和信息记录的视频监控系统。天网工程通过在交通要道、治安卡口、公共聚集场所、宾馆、学校、医院及治安复杂场所安装视频监控设备，利用视频专网、互联网等网络把一定区域内所有视频监控点的图像传到监控中心（天网工程管理平台），对刑事案件、治安案件、交通违章、城管违章等图像信息进行分类，为强化城市综合管理、预防打击犯罪、突发性治安灾害事故提供可靠的影像资料。

天网工程是由相关部门共同发起建设的信息化工程，涉及众多领域，包含城市治安防控体系的建设、人口信息化建设等，由上述信息构成基础数据库数据，根据需要进行编译、整理、加工，供授权单位进行信息查询。天网工程整体按照部级——省厅级——市县级平台架构部署实施，具有良好的拓展性与融合性。目前，许多城镇、农村以及企业都加入了天网工程，为维护社会治安、打击犯罪提供了有力的工具。

2.AI Guardman

日本电信巨头宣布已研发出一款名为 AI Guardman 的新型人工智能安全摄像头，这款摄像头可以通过对人类动作意图的理解，在盗窃行为发生前就准确预测出来，从而帮助商店识别盗窃行为，发现潜在的商店扒手。

这套人工智能系统采用开源技术，能够实时对视频流进行扫描，并预测人们的行为。当监控到可疑行为时，系统会尝试将行为数据与预定义的"可疑"行为进行匹配，一旦发现两者相匹配就会通过相关手机 APP 通知店主。据相关媒体报道，这款产品使商店减少了约 40% 的盗窃行为。

（三）AI + 医疗

随着人机交互、计算机视觉和认知计算等技术的逐渐成熟，人工智能在医疗领域的各项应用变成可能。其中主要包括语音识别医生诊断语录，并对信息进行结构化处理，得到可分类的病例信息；通过语音、图像识别技术及电子病历信息进行机器学习，为主治医师提供参考意见；通过图像预处理、抓取特征等进行影像诊断。

1.IBM Watson 系统

IBM Watson 系统能够快速筛选癌症患者记录，为医生提供可供选择的循证治疗方案。

该系统能不断地从全世界的医疗文献中筛选信息，找到与患者所患癌症相关度最大的文献，并分析权威的相关病例，根据患者的症状和就医记录，选取可能有效的治疗方案。

Watson 肿瘤解决方案是 Watson 系统提供的众多疾病解决方案之一。

利用不同的应用程序接口，该系统还能读取放射学数据和手写的笔记，识别特殊的图像（如通过某些特征识别出某位患者的手等），并具有语音识别功能。

如果出现了相互矛盾的数据，Watson 肿瘤解决方案还会提醒使用者。如果患者的肿瘤大小和实验室报告不一致，Watson 肿瘤解决方案就会考虑哪个数据出现的时间更近，提出相应的建议，并记录数据之间的不一致。如果诊断出现了错误，就医的成本就会更加高昂。

根据美国国家癌症研究所提供的数据，2016 年，美国约有 170 万个新增癌症病例，其中约有 60 万人死亡。癌症已经成为人类的主要死亡原因之一。仅需 15 分钟左右，Watson 肿瘤解决方案便能完成一份深度分析报告，而这在过去需要几个月时间才能完成。针对每项医疗建议，该系统都会给出相应的证据，以便让医生和患者进行探讨。

2.Google 眼疾检测设备

近日，谷歌（Google）公司（简称：谷歌）旗下人工智能公司 DeepMind 发布了一项研究，展示了人工智能在诊断眼部疾病方面取得的进展。

该研究称，DeepMind 与伦敦 Moorfields 眼科医院合作，已经开发了能够检测超过 50 种眼球疾病的人工智能系统，其准确度与专业临床医生相同。它还能够为患者推荐最合适的方案，并优先考虑那些最迫切需要护理的人。DeepMind 使用数以千计的病例与完全匿名的眼部扫描对其机器学习算法进行训练，以识别可能导致视力丧失的疾病，最终该系统达到了 94% 的准确率。

通过眼部扫描诊断眼部疾病对于医生而言是复杂且耗时的。此外，全球人口老龄化意味着眼病正变得越来越普遍，医疗系统的负担将变得越来越重，这为 AI 的加入提供了机遇。例如，DeepMind 的 AI 已经使用一种特殊的眼部扫描仪进行了训练，研究人员称它与任何型号的仪器都兼容。这意味着它可以广泛使用，而且没有硬件限制。

3.我国人工智能医疗

我国人工智能医疗虽然起步稍晚，但是热度不减。有数据显示，2017 年中国人工智能医疗市场规模超过 130 亿元人民币，并有望在 2018 年达到 200 亿元人民币。

目前，我国人工智能医疗企业聚焦的应用场景集中在以下几个领域：

（1）基于声音、对话模式的人工智能虚拟助理。例如，广州市妇女儿童医疗中心主导开发的人工智能平台可实现精确导诊，并辅助医生诊断。

（2）基于计算机视觉技术对医疗影像进行快速读片和智能诊断。据腾讯人工智能实验室专家姚建华介绍，目前，人工智能技术与医疗影像诊断结合的场景包括肺癌检查、糖网眼底检查、食管癌检查，以及部分疾病的核医学检查、核病理检查等。

（3）基于海量医学文献和临床试验信息的药物研发。目前，我国制药企业也纷纷步入人工智能领域。人工智能可以从海量医学文献和临床试验信息等数据中，找到可用的信息并提取生物学知识，进行生物化学预测，该方法有望将药物研发时间和成本各减少约50%。

（四）AI ＋ 教育

随着人工智能的逐步成熟，个性化的教育服务将会步上新台阶，"因材施教"这一问题也最终会得到解决。在自适应系统中，可以有一个学生身份的 AI，有一个教师身份的 AI，通过不断演练教学过程来强化 AI 的学习能力，为用户提供更智能的教学方案。此外，可以利用人工智能自动进行机器阅卷，保证主观题的公平公正性，它能够自动判断每个批次的考卷的难易程度。

1.纸笔考试主观题智能阅卷技术

传统的测评需要占用大量人力、物力资源，且费时费力，而借助人工智能技术，如今越来越多的测评工作可以交给智能测评系统来完成。例如，作文批阅系统主要应用于语文等学科的测评，不仅能自动生成评分，还能提供有针对性的反馈报告，指导学生如何修改，一定程度上解决了教师作文批改数量大导致的批改不精细、反馈不具体等问题。

2.课堂教学智能反馈系统

利用课堂注意力监控系统，可以分析学生的课堂专注度和学习状态。

在教室正前方布设摄像头采集视频，通过前置计算设备或服务器集成的专注度分析模型进行检测与识别，并在课后生成教学报告，自动分析学生的专注度，实时将专注度及各种行为统计结果反馈给学校管理系统，从而实现教学与管理联动。

（五）AI + 自动驾驶

在 L3 及以上级别的自动驾驶过程中，车辆必须能够自动识别周围的环境，并对交通态势进行判断，进而对下一步的行驶路径进行规划。除本车传感器收集到的数据，还会有来自云端的实时信息、与其他车辆或路边设备交换得到的数据，实时数据越多，处理器需要处理的信息就越多，对于实时性的要求也就越高。通过深度学习技术，系统可以对大量未处理的数据进行整理与分析，实现算法水平的提升。深度学习与人工智能技术已经成为帮助汽车实现自动驾驶的重要技术路径。

1.特斯拉已能实现 L5 级别的自动驾驶

特斯拉（美国电动车及能源公司）创始人埃隆·马斯克（Elon Musk）日前宣布，未来所有特斯拉新车将装配具有全自动驾驶功能的硬件系统 Autopilot 2.0。特斯拉官网显示，Autopilot 2.0 适用于所有特斯拉车型，包括最新的 Model 3，配备这种新硬件的 Model S 和 Model X 已投入生产。

目前 Autopilot 2.0 系统还不能立即投入使用，因为还需要通过在真实世界行驶数百万公里的距离来校准。

据悉，Autopilot 2.0 系统将包含 8 个摄像头，可覆盖 360° 可视范围，对周围环境的监控距离最远可达 250m。车辆配备的 12 个超声波传感器完善了视觉系统，探测和传感软硬物体的距离则是上一代系统的两倍。全新的增强版前置雷达可以通过冗余波长提供周围更丰富的数据，雷达波还可以穿越大雨、雾、灰尘，对前方车辆进行检测。

马斯克表示，Autopilot 2.0 将完全有能力支持 L5 级别的自动驾驶，这意味着汽车完全可以实现"自己开车"。

2.中国无人驾驶公交车

中国无人驾驶公交车——阿尔法巴已开始在广东深圳科技园区的道路上行驶。该车目前正在试行，在长约 1.2km 的公路上行驶 3 站，运行速度为 25km/h，最高速度可达 40km/h。40 分钟即可充满电，单次续航里程可达 150km，可以监测到 100m 之内的路况。

（六）AI + 机器人

"机器人"（robot）一词最早出现在 1920 年捷克科幻作家恰佩克的《罗素姆的万能机器人》中，原文写作 "robota"，后来成为英文 "robot"。更科学的定义是 1967 年由日本科学家森政弘与合田周平提出的："机器人是一种具有移动性、个体性、智能性、通用性、半机械半人性、自动性、奴隶性 7 个特征的柔性机器。"

国际机器人联合会将机器人分为两类：工业机器人和服务机器人。工业机器人是一种应用于工业自动化，含有 3 个及以上的可编程轴、自动控制、可编程、多功能执行机构，它可以是固定式的也可以是移动式的。服务机器人则是一种半自主或全自主工作的机器人，它能完成有益于人类健康的服务工作，但不包括从事生产的设备。由定义可见，工业机器人和服务机器人分类的标准是机器人的应用场合。

1.Atlas 机器人

2013 年，Google 收购了波士顿动力公司（Boston Dynamics），这家代表机器人领域"最高水平"的公司在 YouTube 上发布了新一代 Atlas 机器人的视频，彻底颠覆了以往机器人重心不稳、笨重迟钝的形象。

2.亚马逊仓库里的机器人

2012 年，亚马逊公司（简称：亚马逊）以 7.75 亿美元的价格收购了 Kiva System 公司，后者以做仓储机器人闻名。之后，Kiva System 公司更名为 Amazon Robotics。

2014 年，亚马逊开始在仓库中全面应用 Kiva 机器人，以提高物流处理速度。Kiva 机器人和我们印象中的机器人不太一样，它就像一个放大版的冰壶，顶部有可顶起货架的托盘，底部靠轮子运动。Kiva 机器人依靠电力驱动，可以托起最多重 3000lb（约 1.3t）的货架，并根据远程指令在仓库内自主运动，把目标货架从仓库移动到工人处理区，由工人从货架上拿下包裹，完成最后的拣选、二次分拣、打包复核等工作。之后，Kiva 机器人会把空货架移回原位。电池电量过低时，Kiva 机器人还会自动回到充电位置给自己充电。Kiva 机器人也被用于各大转运中心。目前，亚马逊的仓库中有超过 10 万台 Kiva 机器人，它们就像一群勤劳的工蚁，在仓库中不停地走来走去，搬运货物。如何让"工蚁"们不在搬运货架的过程中相撞，是 Amazon Robotics 的核心技术之一。在过去很长一段时间内，它几乎是唯一能把复杂的硬件和软件集成到一个精巧的机器人中的公司。

（七）AI + 电子支付

用户的身份识别是支付的起点。随着人工智能的发展，已开始出现用生物识别替代通用的介质安全认证 + 密码认证方式的趋势。生物识别包括指纹识别、人脸识别、视网膜识别、虹膜识别、指静脉识别、掌纹识别等，它们可以让人在借助更少物体甚至无附属物体的情况下完成身份识别，实现"人即载体"，达到无感识别。

2017 年 9 月 1 日，支付宝刷脸支付试点设在肯德基餐厅，实现了真正的商用。在杭州万象城肯德基餐厅，用户在自助点餐机上选好餐，进入支付页面，选择支付宝刷脸支付，然后进行人脸识别，只需几秒即可识别成功，再输入与账号绑定的手机号，确认之后就可完成支付，整个过程不足 10s。

二、通用人工智能起步

通用人工智能（Artificial General Intelligence，AGI）是一种未来的计

算机程序，可以执行相当于人类甚至超越人类智力水平的任务。AGI 不仅能够完成独立任务（如识别照片或翻译语言），还会加法、减法、下棋和讲法语，甚至可以理解物理论文、撰写小说、设计投资策略，并与陌生人进行愉快地交谈，其应用并不局限在某个特定领域。通用人工智能与强人工智能的区别如下：

通用人工智能强调的是拥有像人一样的能力，可以通过学习胜任人的任何工作，但不要求它有自我意识；强人工智能不仅要具备人类的某些能力，还要有自我意识，可以独立思考并解决问题，这来源于美国哲学家塞尔在提出中文屋实验时设定的人工智能级别。

通过中文屋实验，塞尔想要表达的观点是，人工智能永远不可能像人类那样拥有自我意识，所以人类的研究根本无法达到强人工智能的目标。即使是能够满足人类各种需求的通用人工智能，与自我意识觉醒的强人工智能之间也不存在递进关系。因此，人工智能可以无限接近却无法超越人类智能。

目前，世界上有很多机构正朝 AGI 的方向迈进。谷歌 DeepMind 和谷歌研究院正在研究如何通过使用 PathNet（一种训练大型通用神经网络的方案）和 Evolutionary Architecture Search AutoML（一种为图像分类寻找良好神经网络结构的方法）实现 AGI。微软研究院重组为 MSR AI，专注于"智能的基本原理"和"更通用、灵活的人工智能"。特斯拉的创始人埃隆·马斯克参与创立并参与领导的 OpenAI 的使命是"建立安全的 AGI，并确保 AGI 的好处尽可能广泛而均匀地分布"。

第二章　人工智能的关键技术

第一节　计算机视觉

计算机视觉（Computer Vision）是一门研究如何使机器"看"的科学，更进一步地说，是指用摄影机和电脑代替人眼对目标进行识别、跟踪和测量的科学。人们认识世界，91％是通过视觉来实现的。同样，计算机视觉的最终目标就是让计算机能够像人一样通过视觉来认识和了解世界，它主要是通过算法对图像进行识别分析。近几年，计算机视觉技术实现了快速发展，其主要学术原因是 2015 年基于深度学习的计算机视觉算法在 ImageNet 数据库上的识别准确率首次超过人类，同年谷歌也开源了自己的深度学习算法。

一、计算机视觉的发展历程

计算机视觉始于 20 世纪 50 年代的统计模式识别，当时主要集中于分析与识别二维图像上，如光学字符识别，工件表面、显微图片和航空图片的分析和解释等。

20 世纪 60 年代，人工智能学者马文·明斯基（Marvin Minsky）令学生写出程序，让计算机自动"了解"所连接摄像头的内容，计算机视觉的发展由此拉开帷幕。1965 年，劳伦斯·罗伯茨（Lawrence Roberts）通过计算机程序从数字图像中提取出诸如立方体、楔形体、棱柱体等多面体的三维结构，并对物体形状及物体的空间关系进行描述，开创了以理解三维场景为目的的三维计算机视觉的研究。罗伯茨对积木世界的创造性研究给人们以极大的启发，于是人们对积木世界进行了深入研究，研究的范围从边缘的检测、角点特征的提取，到线条、平面、曲线等几何要素分析，再到图像明暗、纹理、运动以及成像几何等，并建立了各种数据结构和推理规则。20 世纪 70 年代中期，世界著名的计算科学和人工智能实验室——麻省理工学院人工智能实验室 CSAIL，正式开设"计算机视觉"课程，同时，麻省理工学院的实验室也吸引了国际上许多知名学者参与计算机视觉的理论、算法、系统设计的研究。1973 年，大卫·马尔（David Marr）教授在 MIT AI 实验室组建了一个以博士生为主体的研究小组，并于 1977 年提出了不同于"积木世界"分析方法的视觉计算理论，该理论在 20 世纪 80 年代成为计算机视觉研究领域中的一个十分重要的理论框架。

20 世纪 80 年代中期，计算机视觉得到了迅速发展，主动视觉理论框架、基于感知特征群的物体识别理论框架等新概念、新方法、新理论不断涌现。1999 年，NVIDIA 公司 ① 在推销自己的 Geforce 256 芯片时，率先提出了 GPU（Graphics Processing Unit，中央处理器）概念。GPU 是专门为了执行复杂的数学和集合计算而设计的数据处理芯片。它的出现为并列计算奠定了基础，同时也提升了数据运算处理速度，扩大了数据处理规模。

进入 21 世纪，计算机视觉与计算机图形学的相互影响日益加深，基于图像的绘制成为研究热点，高效求解复杂全局优化问题的算法得到发展。

---

① NVIDIA 公司是一家人工智能计算公司。公司创立于 1993 年，总部位于美国加利福尼亚州圣克拉拉市。美籍华人 Jensen Huang（黄仁勋）是创始人兼 CEO。

二、计算机视觉的原理框架

自 20 世纪 70 年代以来，随着认知心理学自身的发展，认知心理学关于模式识别的研究在取向上出现了某些重要的变化。一些认知心理学家继续在物理符号系统假设的基础上进行研究，探讨计算机和人的识别模式的特点；而另一些认知心理学家则转向用神经网络的思想来研究识别模式的问题。

大卫·马尔提出视觉计算理论，认为视觉就是要对外部世界的图像构成有效的符号描述，它的核心问题是要从图像的结构推导出外部世界的结构。视觉从图像开始，经过一系列的处理和转换，最后达到对外部现实世界的认识。在马尔的视觉理论框架中有以下 3 个重要的概念：

第一，表征（representation），指能把某些客体或几类信息表达清楚的一种形式化系统，以及说明该系统如何行使其职能的若干规则。使用某一表征描述某一实体所得的结果，就是该实体在这种表征下的一个描述。

第二，处理（process），是指某种操作，它促使事物的转换。视觉从接收图像到认识一个在空间内排列的、完整的物体，需要经过一系列的表征阶段，从一种表征转换为另一种表征，必须借助于某些处理过程。

第三，零交叉（zero crossing），代表明暗度的不连续变化或突然变化，是形成物体轮廓的基础。对零交叉的检测就是视觉系统对二维表面轮廓或边界的检测。

马尔的视觉计算理论将视觉过程看成是一个信息加工的过程，将视觉图像的形成划分为 3 个阶段。

二维基素图（2-D sketch），是视觉过程的第一阶段，由输入图像获得基素图。

视觉的这一阶段也称为早期视觉。所谓基素图主要指图像中强度变化剧烈处的位置及其几何分布和组织结构，其中用到的基元包括斑点、端点、边缘片断、有效线段、线段组、曲线组织、边界等。这些基元都是在检测零交叉的基础上产生的。这一阶段的目的在于把原始二维图像中的重要信息更清楚地表示出来。

2.5 维要素图，是视觉过程的第二阶段。通过符号处理，将线条、点和斑点以不同的方式组织起来而获得 2.5 维图。

视觉过程的这一阶段也称为中期视觉。所谓 2.5 维图指的是在以观察者为中心的坐标系中，可见表面的法线方向、大致的深度，以及它们的不连续轮廓等，其中用到的基元包括可见表面上各点的法线方向、各点离观察者的距离（深度）、深度上的不连续点、表面法线方向上的不连续点等。由于 2.5 维图中包含了深度的信息，因而比二维图要多，但还不是真正的三维表示，所以得名 2.5 维图。视觉的这一阶段，按马尔的理论，是由一系列相对独立的处理模块组成的。这些处理模块包括体现、运动、由表面明暗恢复形状、由表面轮廓线恢复形状、由表面纹理恢复形状等。它的作用是揭示一个图像的表面特征。马尔声称，早期视觉加工的目标就是要建立一个 2.5 维的要素图，这是把一个表面解释为一个特定的物体或一组物体之前的最后一步。

三维模型表征（3-D model representation），是视觉过程的第三阶段，由输入图像、基素图、2.5 维要素图而获得物体的三维表示。

视觉过程的这一阶段也称为后期视觉。所谓物体的三维表示指的是在以物体为中心的坐标系中，用含有体积基元（即表示形状所占体积的基元）和面积基元的模块化分层次表象，描述形状和形状的空间组织形式，其表征包括容积、大小和形状。当三维模型表征建立起来时，其最终结果是对我们能够区别的物体的一种独特的描述。

三、计算机视觉的应用

计算机视觉作为人工智能的基础技术，在未来的发展趋势是与其他技术融合推动创新型行业发展，其主要应用领域包括自动驾驶、医疗保健、工业制造、识图翻译、安检安防、精确制导、地图绘制、物体三维形状分析与识别及智能人机接口等。下面就其中两个领域进行简单举例介绍。

（一）自动驾驶

自动驾驶，也常被人称作无人驾驶、无人车等。自动驾驶是一个完整的软硬件交互系统，自动驾驶核心技术包括硬件（汽车制造技术、自动驾驶芯片、激光雷达、图像识别等）、软件（环境感知模块、行为决策模块、运动控制模块等）、高精度地图、传感器通信网络等。自 2014 年谷歌宣布完成第一辆全功能无人驾驶汽车原型之后，各大汽车企业与互联网公司都相继投入到了无人驾驶汽车技术的研发之中。

关于自动驾驶，在概念上业界有着明确的等级划分，主要有两套标准：一套是 NHSTAB（美国高速公路安全管理局）制定的，一套是 SAE International（国际汽车工程师协会）制定的。现在主要统一采用 SAE International 分级标准。总的来说，分级的核心区别在于自动化程度，重点体现在转向与加减速控制、对环境的观察、激烈驾驶的应对、适用环境范围上的自动化程度。基于计算机视觉的自动驾驶系统如图 2-1 所示。

图 2-1　基于计算机视觉的自动驾驶系统

（二）医疗保健

近年来，随着医学技术的跨越式发展，人们对于健康的重视程度逐渐提高。现代医疗体系中，医生执行复杂治疗过程中的每个行为步骤，都依赖于大量的快速思考和决策，而计算机视觉技术的最新发展使医生能够将图像转换为三维交互式模型来更好地理解这些图像，并使其更易于解释，这已成为现代医疗辅助技术的重要信息来源。

医学图像处理的对象是各种不同成像机理的医学影像，临床广泛使用的医学成像种类主要有 X 射线成像（X-CT）、核磁共振成像（MRI）、核医学成像（NMI）和超声波成像（UI）四类。在目前的影像医疗诊断中，主要是通过观察一组二维切片图像发现病变体，这往往需要借助医生的经验来判定。利用计算机视觉技术对二维切片图像进行分析和处理，实现对人体器官、软组织和病变体的分割提取、三维重建和三维显示，应用专业医师的医学知识，提取医学领域的特征工程，可以辅助医生对病变体及其他感兴趣的区域进行定性甚至定量的分析，从而大大提高医疗诊断的准确性和可靠性。同时，计算机视觉技术在医疗教学、手术规划、手术仿真及各种医学研究中也能起到重要的辅助作用。

由 SARS-CoV-2 导致的 2019 年新型冠状病毒性肺炎（Corona Virus Disease 2019，COVID-19），中文简称"新冠肺炎"，是短时间内全球爆发的一种急性呼吸道传染病。尽管疫情发生早期对于 SARS-CoV-2 的分子、临床和流行病学特征方面的研究取得了一定进展，但由于病毒核酸检测试剂以及医护力量的缺乏，当时难以对其进行准确的实时评估，同时随着疫情中期大量待核酸检测患者聚集，采用重要辅助诊断手段来确诊并将患者及时纳入临床处理流程显得尤为迫切。在疫情期间，基于计算机视觉技术的人工智能系统在辅助胸部 CT 筛查过程中表现出了极大优势及运用价值。国内部分医院，特别是湖北武汉地区医院，在疫情早期为了应对大量胸部筛查患者，采用了 AI 辅助筛查系统。若每个疑似患者、每个住院患者都要做肺部 CT 检查，影像科医生的工作量将非常大，而计算机视觉技术所具有的自主学习性能以及不知疲倦的高效率状态在辅助放射科医生诊断工作中表现出极高的价值。随着国际上众多国家新冠肺炎疫情的爆发，国内的 AI 研究成果在国际社会的 COVID-19 筛查和疫情监测系统中发挥了重要的作用。基于计算机视觉的 COVID-19 检测模型如图 2-2 所示。

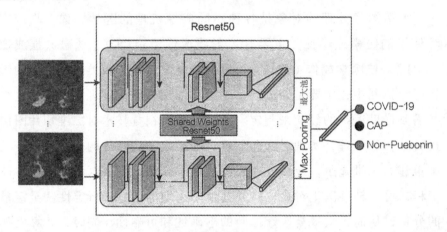

图 2-2　基于计算机视觉的 COVID-19 检测模型

第二节　机器学习

机器学习是通过计算模型和算法从数据中学规律的一门学问，应用于各种需要从复杂数据中挖掘规律的领域中，已成为当今广义的人工智能领域最核心的技术之一。

近年来，人工智能技术对人类社会的影响越来越深远与广泛，它正在为农业、医疗、教育、能源、国防等诸多领域提供大量新的发展机遇。

一、机器学习的发展历程

虽然"机器学习"这一名词以及其中某些零碎的方法可以追溯到 1958 年，甚至更早，但它真正成为一门独立的学科要从 1980 年算起，在这一年诞生了第一届机器学习的学术会议和期刊。到目前为止，机器学习的发展经历了 3 个阶段。

20 世纪 80 年代是机器学习的萌芽时期，尚不具备影响力。人们从学习单个概念扩展到学习多个概念，探索不同的学习策略和各种学习方法。机器的学习过程一般都建立在大规模的知识库上，实现知识强化学习。但令人鼓舞的是，本阶段已开始把学习系统与各种应用结合起来，并取得了很大的成功，促进了机器学习的发展。

1990 ～ 2010 年是机器学习的蓬勃发展期，学术界诞生了众多的理论和算法，机器学习真正走向了实用。比如，基于统计学习理论的支持向量机、随机森林和 Boosting 等集成分类方法，概率图模型，基于再生核理论的非线性数据分析与处理方法，非参数贝叶斯方法，基于正则化理论的稀疏学习模型及应用等，这些成果奠定了统计学习的理论基础和框架。

2010 年之后是机器学习的深度学习时期，深度学习技术诞生并急速发展，较好地解决了现阶段 AI 的一些重点问题。人工智能技术和计算机技术的快速发展，为机器学习提供了新的、更强有力的研究手段和环境。

二、机器学习的原理框架

机器学习，即通过自主学习大量数据中存在的规律，获得新经验和知识，从而提高计算机智能，使得计算机拥有类似人类的决策能力。机器学习中需要解决的最重要的 4 类问题是预测、聚类、分类和降维。基于学习形式的不同，通常可将机器学习算法分为监督学习、无监督学习、半监督学习以及强化学习 4 类。

（一）监督学习

监督学习，指用打好标签的数据训练、预测新数据的类型或值，即给学习算法提供标记的数据和所需的输出，对于每一个输入，学习者都被提供了一个回应的目标。监督学习被用于解决分类和回归的问题。分类问题指预测一个离散值的输出。例如，根据一系列的特征判断当前照片是狗还是猫，输出值就是 1 或者 0。回归问题指预测出一个连续值的输出。例如，可以通过房价数据分析，根据样本的数据输入进行拟合，进而得到一条连续的曲线用来预测房价。常见的算法有决策树算法、人工神经网络算法、支持向量机算法、朴素贝叶斯算法、随机森算法林等。

（二）无监督学习

无监督学习，指在数据没有标签的情况下做数据挖掘。无监督学习主要体现在聚类上，即给学习算法提供的数据是未标记的，并且要求算法识别输入数据中的模式，主要是建立一个模型，对输入的数据进行解释，并用于下次输入。无监督学习的典型方法有 K– 聚类及主成分分析等。K– 聚类的一个重要前提是数据之间的区别可以用欧氏距离度量，如果不能度量的话，需要先转换为可用欧式距离度量。主成分分析是通过使用正交变换将存在相关性的变量，变为不存在相关性的变量，转换之后的变量叫做主成分，其基本思想就是将最初具有一定相关性的指标，替换为一组相互独立的综合指标。无监督学习主要用于解决聚类和降维问题，常见的算法有聚类算法、降维算法。

（三）半监督学习

半监督学习，根据字面意思可以理解为监督学习和无监督学习的混合使用，事实上是学习过程中有标签数据和无标签数据相互混合使用。一般情况下，无标签数据比有标签数据量要多得多。半监督学习的思想很理想化，但是在实际应用中不多。一般常见的半监督学习算法有自训练算法、基于图的半监督算法和半监督支持向量机算法。

（四）强化学习

强化学习，指通过与环境的交互获得奖励，并通过奖励的高低来判断动作的好坏，进而训练模型的方法。该算法与动态环境相互作用，把环境的反馈作为输入，通过学习选择能达到其目标的最优动作，换言之是强化得到奖励的行为，弱化受到惩罚的行为。通过试错的机制训练模型，找到最佳的动作和行为，获得最大的回报。它模仿了人或者动物学习的模式，并且不需要引导智能体向某个方向学习。常见的算法有马尔可夫决策过程等。

三、机器学习的应用

作为人工智能的核心，机器学习的主要功能是使得计算机模拟或实现人类的学习行为，通过获取新的信息，不断对模型进行训练，以提高模型的泛化能力。专家表示，机器学习可以帮助组织通过非同以往的规模和范围执行任务。由于机器学习具有强大的数据处理能力，因此广泛应用于游戏开发、医疗保健、金融交易、营销推广、工业故障诊断等领域，以下以游戏开发和精准营销为例进行介绍。

（一）游戏开发

随着新的机器学习算法的提出及算力的提高，机器学习技术正在影响着游戏开发行业，提高了这些产业的生产效率。其中，深度强化学习是让智能体在环境中进行探索来学习策略，不需要经过标记的样本，在近年来受到广泛关注。传统的游戏研发方法是开发者基于一定的规则来写决策树，即人为规定好在某些情况下做出某些动作。由于游戏世界内的情况非常复杂，这种方法开发成本高，且很难达到较高的水平，也造成了玩家体验的下降。而深度强化学习技术则是通过让智能体在游戏世界内探索的方式来训练模型提升水平，在合适的设计的基础上，往往能得到高水平的模型。另外，角色动画是游戏研发过程中很重要的一项工作，在复杂的场景中，角色可能会出现非常多的行为，为每一种动作去设计和实现相应动作序列是非常繁复的工作，因此，有一些工作在探索利用机器学习让智能体探索环境，在给出少量参考动画的情况下训练出各种动作对应的动画序列。除此之外，机器学习也可能用于游戏的精细化运营、游戏测试以及游戏内对话机器人等情景中，具有广阔的发展前景。

（二）精准营销

精准营销的定义是指在充分了解客户信息的基础上，针对客户的喜好，有针对性地进行产品营销，在掌握一定的客户信息和市场信息后，将直复营销与数据库营销结合起来的营销新趋势。例如，电商利用用户历史数据和机器学习等大数据技术，精准预测哪些人成为某商品潜在用户的可能性高，并对其进行商品的个性化推荐，以此来提高营销转化率。所以，不管是拉新还是留存，精准营销都是十分重要的客户维系方式。目前，在线展示广告越来越流行。在线展示广告的目的是获取更多的潜在客户，吸引客户购买商品。在线展示广告的一个基本要求就是通过广告获取用户所需费用要小于用户购买商品所耗费用，进而使得通过广告吸引来的客户为企业带来利润。在线展示广告中，比较流行的方式是通过手工精心设计更吸引人的广告来招揽客户。然而，这种方法具有局限性，因为并不是所有用户的兴趣点都一致，由于这种方式没有个性化特征，所带来的效果并不显著。而利用机器学习可自动挖掘其中的潜在特性，有效减少营销费用，并带来更好的营销效果。

机器学习应用于精准营销中，首先需要找出相关的特征。在机器学习中，一般用一行表示一个样本，每一列是一个相关的特征。针对不同的应用场景，需要找出不同的特征。通过比较购买产品的消费者和没有购买产品的消费者的点击路径，机器学习算法可以识别促成转化的点击模式，并确定消费者购物之旅中最有价值的接触点。事实上，机器学习已经帮助很多企业高效地运转并获取更多的利润。

第三节　生物特征识别

生物特征识别技术是指通过使用人体与生俱来的生理特性和长年累月形成的行为特征进行身份鉴定的一种识别技术，常用的有指纹识别、人脸识别、虹膜识别、声纹识别等生物认证技术。该技术的安全性和便捷性远高于口令、密码或者 ID 卡等传统方式。尤其是在互联网环境下，生物特征识别技术与传统的身份验证技术相比具有更大的优势。例如，生物特征识别技术对公安部门的刑侦、破案起到了巨大的辅助作用。通过案发现场的指纹，搜集嫌疑人的身份信息；通过对监控视频的人脸进行识别，找到丢失儿童、通缉的在逃犯等。在移动支付领域，生物特征识别技术也有较广泛的应用。例如，阿里巴巴已经将人脸识别技术融入其产品中，不需要输入密码，只需要刷人脸就可以完成金融交易，使得支付操作更加便捷。

一、生物特征识别的发展历程

生物特征识别技术的历史可追溯到古代埃及人通过测量人的尺寸来鉴别他们，这种基于测量人身体某一部分或者举止的某一方面的识别技术一直延续了几个世纪。

指纹是最古老的生物特征识别技术。1892 年，阿根廷警官利用犯罪现场的一枚血指印破获了弗朗西斯卡杀害亲子案，这是世界首例利用指纹侦破的案件。我国最早发展的指纹识别技术基本与国外同步，早在 20 世纪 80 年代初就开始了研究，并掌握了相关核心技术，产业发展相对较为成熟。而我国对于人脸识别、虹膜识别、掌形识别等生物认证技术研究的开展则在 1996 年之后。1996 年，现任中国科学院院士、模式识别与计算机视觉专家谭铁牛开辟了基于人的生物特征的身份鉴别等国际前沿领域新的学科研究方向，开始了我国对人脸、虹膜等生物特征识别领域的研究。自 2003 年后，生物特征识别行业步入成长期，主要特征有：产品体系已建立，技术标准逐渐完善，行业内企业数量激增，产品成本大幅度下降，各领域应用渐趋普及，行业体系基本成型。我国《信息安全技术——虹膜识别系统技术要求》（GB/T 20979-2007）国家标准，经国家标准化管理委员会审查批准，于 2007 年 11 月 1 日正式实施。这是我国生物特征识别领域的第一个国家标准，这一标准的制定对我国生物特征识别产业的发展有深远的意义。2020 年 3 月 1 日正式实施《信息安全技术——虹膜识别系统技术要求》（GB/T 20979-2019）。

二、生物特征识别的原理框架

（一）生物特征识别技术的基本流程

生物特征识别技术的应用主要分为 3 个步骤：预处理、特征提取、匹配特征。

1. 预处理

在生物特征识别技术框架中，预处理主要包括图像增强和感兴趣区域的分割。

在图像增强的过程中，采集生物特征图像的同时，外部环境容易造成采集的图像质量较低，从而影响最后的识别效果。例如，采集指纹图像时，如果手指磨损或者有污渍，将会造成指纹图像质量较低，从而影响指纹识别的效果。在采集人脸图像时，如果外部环境光照较强，可能会引起图像较高的曝光度，从而降低人脸识别系统的性能。因此，需要对图像进行增强，提高图像的质量，从而提升识别性能。

在感兴趣区域分割的过程中，先采集生物特征识别图像，其中包含大量的背景信息，为了进一步提高识别率，有必要将背景区域去掉。例如，对于指纹识别，需要将指纹从背景区域中提取出来，即对指纹进行分割。而对于某些生物特征来说，分割并不是必需的。例如，对于手指静脉，大部分特征是直接在图像上提取的，而不是先分割静脉血管再提取。

2.特征提取

在进行生物特征识别时，用户的信息都是以数字化的特征在计算机中存储并用于匹配的。特征提取是通过对相关图像提取量化信息来表征目标的某些特性。例如，利用灰度直方图来表示相关的颜色特征。特征提取是生物特征识别的关键。

3.匹配特征

提取完成后，需要通过计算两幅图像的相似度进行匹配，相似的图像说明是同一个用户，不相似的两幅图像说明是不同的用户。

单一的生物特征识别由于其自身的缺陷，在识别性能上具有一定的瓶颈。例如，指纹易磨损，人脸受遮挡、光照等影响较大，步态受采集者身形的影响较大，手指静脉受光照、采集姿势等条件的影响较大。因此，利用多生物特征融合是突破单一生物特征局限性、进一步提升识别性能的主要思路。

（二）生物特征识别技术的主要分类

生物特征是人体所固有的各种生理特征或者行为特征的总称。生理特征多为先天性的，不随外在条件和主观意愿的变化发生改变，如面部、指纹、虹膜等；行为特征则是人们长期生活养成的行为习惯，很难改变，如笔迹、声音、步态等。下面从面部识别、指纹识别、虹膜识别、步态识别等方面进行分析。

1.面部识别

面部识别的研究始于20世纪60年代中后期，经历了人工识别、人工交互识别以及自动识别3个阶段，日趋成熟，并获得了广泛地应用，初步实现了"刷脸"考勤、"刷脸"通关、"刷脸"支付等功能。面部识别是将待识别的人脸图像与模板库中的标准图像进行比较，通过对面部特征和它们之间的关系（眼睛、鼻子和嘴的位置以及它们之间的相对位置）进行识别，从模板库中找出最相似的人脸图像，以其标签作为待识别的人脸图像的标签。面部识别示意图如图 2-3 所示。

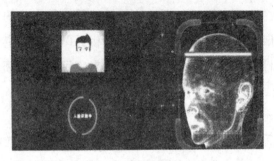

图 2-3　面部识别示意图

人脸与人体的其他生物特征（指纹、虹膜等）一样是与生俱来的，它的唯一性和不易被复制的良好特性为身份鉴别提供了必要的前提，与其他类型的生物识别相比面部识别具有如下特点：

一是非强制性：用户不需要专门配合人脸采集设备，几乎可以在无意识的状态下就可获取面部图像，这样的取样方式没有强制性。

二是非接触性：用户不需要和设备直接接触就能获取面部图像。

三是并发性：在实际应用场景下可以进行多个面部的分拣、判断及识别。

四是符合视觉特性：具有"以貌识人"的特性，以及操作简单、结果直观、隐蔽性好等特点。

面部识别技术的优点在于使用过程中的非接触性。缺点在于它需要使用比较高级的摄像头才可有效、高速地捕捉面部图像。使用者面部的位置与周围的光环境都可能影响系统的精确性，而且面部识别也是最容易被欺骗的。另外，对于人体面部（如头发、饰物、变老以及其他）的变化可能需要通过人工智能技术进行补偿。

2. 指纹识别

指纹识别技术通过分析指纹的全局特征和指纹的局部特征，从特征点如嵴、谷和终点、分叉点或分歧点中抽取特征值。平均每个指纹都有几个独一无二可测量的特征点，每个特征点都有大约 7 个特征，10 个手指头产生最少 4900 个独立可测量的特征，这说明指纹识别是一个足够可靠的鉴别方式。实现指纹识别有多种方法，其中有些是通过比较指纹的局部细节进行识别，有些直接通过全部特征进行识别，还有一些使用指纹的波纹边缘模式和超声波进行识别。在所有生物识别技术中，指纹识别是当前应用最广泛的一种方式。

随着计算机视觉技术的蓬勃发展，图像处理算法的研究越来越多，指纹识别技术拥有了更广阔的应用范围。在现代社会，指纹识别通过门禁打卡、智能手机解锁、案件侦查、移动支付、指纹锁等应用场景走进了每个人的生活。指纹识别示意图如图 2-4 所示。

图 2-4　指纹识别技术示意图

虽然每个人的指纹都是独一无二的，但指纹识别并不适用于每一个行业、每一个人。例如，长期徒手工作的人便会为指纹识别而烦恼，他们的手指若有破损或处于干湿环境里、沾有异物，将会导致指纹识别功能失效。另外，在严寒区域或者严寒气候下，或者人们处于长时间戴手套的环境中，指纹识别也变得不那么便利。据不完全统计，大约 5% 的人，由于指纹磨损或者指纹比较浅，是不能使用指纹识别的，因此，这就大大制约了指纹识别的应用领域。

3.虹膜识别

人的眼睛结构由巩膜、虹膜、瞳孔晶状体、视网膜等部分组成，虹膜在胎儿发育阶段形成后，在整个生命历程中将是保持不变的，这就决定了虹膜特征的唯一性，同时也决定了身份识别的唯一性。因此，可以将眼睛的虹膜特征作为每个人的身份识别对象。虹膜识别技术示意图如

图 2-5 所示。

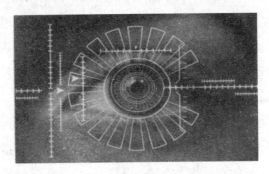

图 2-5　虹膜识别技术示意图

虹膜是一种眼睛瞳孔内的织物状的各色环状物，每一个虹膜都包含一个独一无二的基于像冠、水晶体、细丝、斑点、结构、凹点、射线、皱纹和条纹等特征的结构，科学研究表明，没有任何两个虹膜是一样的。在虹膜扫描安全系统中使用一个全自动照相机来寻找眼睛，并在发现虹膜时就开始聚焦，想通过眨眼睛来欺骗系统是不行的。

根据富士通株式会社（简称：富士通）的数据，其虹膜识别的错误识别率可能为 1/1500000，而苹果 TouchID 的错误识别率可能为 1/50000，虹膜识别的准确率是当前指纹识别的 30 倍，而虹膜识别又属于非接触式的识别，方便高效。此外，虹膜识别还具有唯一性、稳定性、不可复制性等特点，在综合安全性能上占据较大优势，安全等级是非常高的。目前，虹膜识别凭借其超高的精确性和使用的便捷性，已经广泛应用于金融、医疗、安检、安防、特种行业考勤与门禁、工业控制等领域。

4. 步态识别

步态识别是近年来越来越多的研究者所关注的一种较新的生物认证技术。它是指通过人走路时的姿态或足迹，提取人体每个关节的运动特征，对身份进行认证或识别，被认为是远距离身份识别中最具潜力的方法之一。因此，步态识别在安全监控、人机交互、医疗诊断和门禁系统等领域具有广泛的应用前景和经济价值。如图 2-6 所示，电影《碟中谍 5》中就应用了步态分析系统去识别人物身份。

图2-6　电影《碟中谍5》中的步态分析系统

与其他生物识别技术相比，步态识别具有以下优点：

（1）步态识别适用距离更广。人脸、虹膜等生理特征都需要人近距离配合进行图像采集，使用距离范围有一定的限制，而步态图像能够在比较远的地方进行采集，扩大了可识别的距离。

（2）步态识别采集方便。步态识别为非受控识别，无须识别对象主动配合与参与。指纹识别、虹膜识别、人脸识别等都需要识别对象主动配合，而步态是远距离、非受控场景下唯一可清晰成像的生物特征，即便一个人在几十米外背对普通监控摄像头随意走动，步态识别算法也可对其进行身份判断。

（3）步态难以伪装。不同的体型、头型、肌肉骨骼特点，运动神经灵敏度，走路姿态等特征共同决定了步态具有较好的区分能力，只要得到人的大致轮廓，通过精巧细致的算法和海量数据的训练，机器就可以更好地识别这些细节特征。

目前，国内外对于基于人体步态的身份识别已经研究了数十年。但是，与基于指纹、人脸、虹膜等生物特征的识别技术相比，步态作为一种新兴的生物特征还存在许多未解决的问题，如复杂场景下的人体检测、人体分割、遮挡、视角等问题。因此，在实际应用场景中，还需要利用人体本身的身高、步长、关节角度这些特征去识别，将生理特征与行为特征结合，取长补短，提高识别度。

三、生物特征识别的应用

在物联网大趋势下，生物识别技术解决了身份识别这个日常但很重要的问题，精准、快捷的身份识别能力能够与越来越多的行业应用相结合，并通过网络共享，使人们的生活更加安全、便利。

（一）智能柜台

到银行办事，大多数客户都是先取号，然后坐等办理业务，即使银行网点整洁高效，对于上班族而言，排队办理业务依然是耗时过多。如今银行正在通过打造智能柜台来解决这个问题。人脸识别、快速开户、投资理财、出国金融、变更信息、申请信用卡等多项银行功能，均可在银行的智能柜台上实现。智能柜台一般采取"客户自主、柜员协助"的服务模式，操作简便、界面流程清晰，可一站式办理跨境汇款、开户开卡、打印流水、购买理财等多种非现金业务。而且与传统柜台相比，办理速度得到了大幅提升，智能柜台大幅缩减了排队等候时间和业务办理时间，使得用户体验大大改善。

（二）中科院银河水滴步态识别系统

在中央电视台的人工智能类节目《机智过人》中，银河水滴科技有限公司 CEO 黄永祯成功战胜《最强大脑》记忆大师，并从 10 个身高体型相似的人中识别出目标"嫌疑犯"，从 21 只体型、毛色相似的金毛犬及剪影中识别出目标金毛犬（图 2-7），被图灵奖得主姚期智称赞"机智过人"。基于步态识别技术，目前，银河水滴科技有限公司已实现远距离多特征生物识别。1080 p 的摄像头下，识别距离可达 50 m，识别速度在 200 ms 以内，支持 360° 跨视角识别，在万人样本库以图搜图可实现唯一性检索，是人脸技术在真实场景下取得的突破性进展。此外，还能完成超大范围人群密度测算，对普通 2K 摄像机 100 m 外 1000 m² 范围内 1000 人规模实时计数。以上这些技术能广泛应用于安防、公共交通、商业等场景。

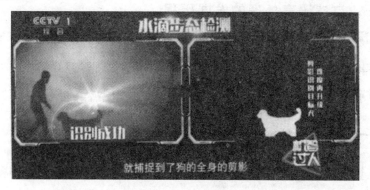

图 2-7　银河水滴科技有限公司成功靠步态识别狗的剪影

第四节　自然语言处理

"自然语言处理"的英文是 Natural Language Processing，一般被简写为 NLP。它指计算机拥有识别理解人类文本语言的能力，研究能实现人与计算机之间用自然语言进行有效通信的各种理论和方法，是计算机科学领域与人工智能领域中的一个重要方向。自然语言处理的任务大致分为两类：自然语言理解和自然语言生成。自然语言理解，即如何让机器理解人所说的话，此处的"话"是基于日常生活的语境，不需要发言者有知识储备；自然语言生成，即如何让机器像人一样说话。

早在计算机出现以前，英国数学家图灵（A.M.Turmg）就预见到未来的计算机将会就自然语言处理的研究提出问题。微软公司（简称：微软）创始人比尔·盖茨曾说道："自然语言理解是人工智能领域皇冠上的明珠。"微软全球执行副总裁沈向洋博士也表示："下一个十年懂语言者得天下。"从业界战略决策者的言语中可知，自然语言处理是人工智能取得突破的决定要素和攻关主阵地，人工智能取得重大突破的具体表现应该是自然语言处理和自然语言理解方面的突破，且这两种技术在很大程度上决定着人工智能的发展和走向。

一、自然语言处理的发展历程

自然语言处理技术的发展历程可分为 3 个阶段：20 世纪五六十年代是萌芽时期，20 世纪七八十年代是发展时期，20 世纪 90 年代到如今是繁荣时期。

（一）萌芽时期

计算机领域对自然语言处理的客观需求，最早产生于语言翻译领域。在计算机发明以前，翻译工作都是由相关的专业人员承担。随着社会的发展，人们对翻译速度的要求越来越高，而当时电子计算机的速度已经能够达到 5000 次 /s 加法运算，这促使不少从事语言学的专业人士提出用电子计算机进行语言翻译。最早提出利用计算机进行语言翻译工作的是美国工程师韦弗。韦弗将语言翻译看作一种解读密码的过程，试图通过中间语言进行词对词的转换。

20 世纪五六十年代，对自然语言的处理所进行的中心工作呈现出两种趋势，依据对自然语言处理的方法和侧重点的不同，大致可划分为两个派别：符号派和随机派。符号派大多坚持对自然语言处理进行完整且全面的剖析，其过程具有较高的准确性和完整性；随机派的参与者多是统计学的专业研究人员，他们坚持以概率统计的相关思想对自然语言处理的结果进行相关推测，并广泛应用计算假设概率的经典方法。

（二）发展时期

20 世纪 60 年代，法国格勒布尔理科医科大学自动翻译中心的数学家沃古瓦将计算机语言翻译分成对原语词法、句法的分析，原语与译语词汇、结构的转换，译语句法、词法的生成三大部分，构成了一套完整的计算机翻译步骤，并将其应用到俄语与法语的计算机翻译工作中，取得了较好的效果。在计算机语言翻译的同一时期，许多计算机翻译领域的专家在注重语法结构的同时，也将语义分析置于重要地位。此外，除当时普遍使用的统计方法外，逻辑方法的应用在自然语言处理的工作中也取得了一定成绩。

上述工作的主要出发点是机器翻译，在同一时期，也有很多科学工作者将眼光投向自然语言。自然语言理解，又称作人机对话，是人工智能的一个重要分支，属于计算机科学的一部分。简单来说，自然语言理解就是使计算机通过语音识别系统理解人类的自然语言，从而实现计算机与人之间通过自然语言进行"对话"。自然语言计算机翻译的发展曾在20世纪七八十年代一度进入萎靡期。当时，由于计算机语料库中的信息有限，自然语言处理的理论和技术均未成熟，欧洲、美国、前苏联等先后投入巨大的资金，然而却并未使自然语言处理得到实质性的创新与突破。与随之而来的自然语言处理的新革命相比，自然语言计算机翻译在此阶段的发展呈现出了"马鞍形"的低谷时期。

（三）繁荣时期

20世纪90年代，自然语言处理逐渐进入繁荣期。1993年在日本神户召开了第四届机器翻译高层会议，标志着自然语言处理进入一个崭新的纪元。

在这一时期，自然语言处理领域具有两个鲜明特征：一是大规模性，二是真实可用性，两者相辅相成。一方面，大规模性意味着对于计算机对自然语言的处理有了更深层次的要求，即对于文本信息的输入，计算机要能够处理相较于以前更大规模的文本量，而不再是单一或片段语句；另一方面，真实可用性强调计算机输出的文本处理内容在"丰富度"方面的要求有所提高，即尽量提高计算机在自然语言处理结果中所包含信息的可利用程度，最终达到能够对自然语言文本进行自动检索，自动提取重要信息，并且进行自动摘要的要求。这两个特征在自然语言处理的诸多领域都有所体现，其发展直接促进了计算机自动检索技术的出现和兴起。实际上，随着计算机技术的不断发展，以海量计算为基础的机器学习、数据挖掘等技术的表现也愈发优异。自然语言处理之所以能够度过"寒冬"，得到再次发展，也是因为统计科学与计算机科学的不断结合，才让人类甚至机器能够不断从大量数据中发现"特征"并加以学习。

时至今日，自然语言处理在自动检索技术领域的应用随处可见，其广泛存在于人们的日常生活中，并将会伴随着国际互联网的日益发展逐渐走向成熟。

二、自然语言处理的原理框架

自然语言处理就是指通过电子计算机对自然语言各级语言单位（如字、词、句、段、篇、章）进行分析处理等。自然语言处理过程就是将自然语言的某一特定问题，根据输入集、输出集进行抽象建立模型，并根据这一模型设计与这一问题相关的行之有效的算法的过程，如图2-8所示。

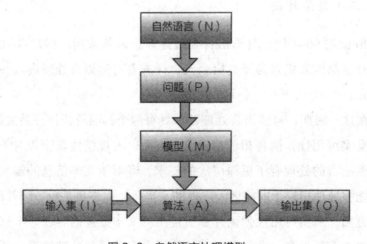

图 2-8　自然语言处理模型

业界普遍认为，自然语言处理分为语法语义分析、信息抽取、文本挖掘、机器翻译、信息检索、问答系统和对话系统7个方向。

（一）语法语义分析

语法语义分析是指对于给定的语言提取词进行词性和词义分析，然后通过分析句子的句法、语义角色和多词义进行选取。因为词性标注技术一般只需对句子的局部范围进行分析处理，目前已经基本成熟，其标志就是它们已经被成功地用于文本检索、文本分类、信息抽取等应用之中，但句法分析、语义分析技术需要对句子进行全局分析，现阶段的深层语言分析技术还没有达到完全实用的程度。

（二）信息抽取

信息抽取是指从非结构化、半结构化文本（如网页、新闻、论文文献、微博等）中提取指定类型的信息（如实体、属性、关系、事件、商品记录等），并通过信息归并、冗余消除和冲突消解等手段将非结构化文本转换为结构化信息的一项综合技术。目前，信息抽取已被广泛应用于舆情监控、网络搜索、智能问答等多个重要领域。与此同时，信息抽取技术是中文信息处理和人工智能的核心技术，具有重要的科学意义。

（三）文本挖掘

文本挖掘是指针对大量的文档自动索引，通过关键词或其他有用信息的输入自动检索出需要的文档信息。互联网含有大量网页、论文、专利和电子图书等文本数据，对其中的文本内容进行挖掘，是实现对这些内容快速浏览与检索的重要基础。此外，许多自然语言分析任务如观点挖掘、垃圾邮件检测等，也都可以看做文本挖掘技术的具体应用。

（四）机器翻译

机器翻译是指输入源文字并自动将源文字翻译为另一种语言，根据媒介的不同可以分为很多细类，如文本翻译、图形翻译及手语翻译等。人们通常习惯于感知（听、看和读）自己母语的声音和文字，很多人甚至只能感知自己的母语，因此，机器翻译在现实生活和工作中有着极大的社会需求。

（五）信息检索

信息检索又称为情报检索，它是指利用一定的检索算法，借助特定的检索工具，并针对用户的检索需求，从结构化或非结构化数据的集合中获取有用信息的过程。在现实生活中，用户的信息需求千差万别，获取信息的方式与途径也各式各样，但基本原理却是相同的，即都是对信息资源集合与信息需求集合的匹配与选择。现代信息技术的发展，有力推动了信息检索手段的日益现代化，大大加快了社会信息资源的开发速度和程度，对推动国家信息文明进步具有深远的影响。

（六）问答系统

问答系统是指利用计算机自动回答用户所提出的问题以满足用户的知识需求。不同于现有搜索引擎，问答系统是信息服务的一种高级形式，系统回复用户的不再是基于关键词匹配排序的文档列表，而是精准的自然语言答案。近年来，随着人工智能的飞速发展，自动问答已经成为备受关注且发展前景广泛的研究方向。

（七）对话系统

在对话系统中，借助计算机可以联系上下文和用户进行聊天及交流等任务，并针对不同的用户采用不同的回复方式。人机自然语言对话系统，一般把自然语言理解割裂为两个独立的部分，先把语音变为文字，再根据文字理解人类的意图。基于语音的自然语言对话，句子的读音和抑扬顿挫对语义影响是很大的。同样的句子，读法不同，意思就不同。因此，对话系统通常需要经过语音识别和文本理解两个步骤进行语义理解。

三、自然语言处理的应用

自然语言处理一方面可以用于文本处理，服务于大数据应用；另一方面自身也有信息抽取、问答、机器写作、对话、机器翻译、阅读理解等应用技术，可用于信息检索、科技服务、人工智能、在线教育、医疗专家系统、金融分析等方方面面。苹果公司（简称：苹果）的虚拟语音助手 Siri 和百度 AI 平台都是自然语言处理技术的典型案例。

早在百度公司（简称：百度）诞生之时，自然语言处理技术就成为其搜索技术的重要组成部分，并一直伴随着百度的发展而进步。从中文分词、词性分析、词性改写，到机器翻译、篇章分析、语义理解、对话系统等，自然语言处理技术已成功应用在百度各类产品中。

百度 AI 平台的应用场景很多，包括语音识别、语音合成、文字识别的各种模板、端口、人脸识别等方面。例如，针对带有主观描述的中文文本，百度 AI 平台可自动判断该文本的情感极性类别并给出相应的置信度，能帮助企业理解用户消费习惯、分析热点话题和进行危机舆情监控，为企业提供有力的决策支持。此外，百度 AI 平台还能自动分析评论关注点和评论观点，并输出评论观点标签及评论观点极性，通过对美食、酒店、汽车、景点等方面的评论观点抽取，可帮助商家进行产品分析，辅助用户进行消费决策。

第五节　人机交互技术

所谓人机交互（Human-Computer Interaction，HCI），是指关于设计、

评价和实现供人们使用的交互式计算机系统，并围绕相关的主要现象进行研究的学科。HCI 的目的是使计算机辅助人类完成数据处理、信息存储、可视化服务等功能。人机交互界面通常是指用户可见的部分。用户通过人机交互界面与系统交流，并进行操作，小如收音机的播放按键，大至飞机上的仪表板或是发电厂的控制室。

21 世纪以来，多媒体技术与虚拟现实技术得到了迅速发展，为人机交互方式的进步提供了新的契机。随着社会科学与人工智能相关技术的不断进步，基于多媒体的多通道人机交互技术日益得到了研究学者们的关注。其中比较有代表性的产品如微软公司推出的 Kinect 体感设备，该产品利用深度图像和人体姿态模型实现了 3D 动作识别。除了动作识别之外，多通道人机交互技术在语音识别、触觉、嗅觉等多个领域都获得了长足发展。

一、人机交互技术的发展历程

自从计算机 ENIAC 在 1946 年被发明以来，人机交互就成为计算机科学非常重要的一个分支学科。第二次世界大战期间的 ENIAC 被用于进行密码破译、火炮弹道计算等，此时的人机交互非常原始，通过打孔纸条来实现指令的输入和输出，一个功能简单的程序也需要几天时间来制作打孔纸条，并改变开关和电缆的设置。如此"原始"的人机交互方式极大地影响了计算机操作的便捷性，因此，急需一种更为先进的人机交互方式。1959 年，美国学者从人在操纵计算机时如何才能减轻疲劳出发，写出了被认为是人机界面的第一篇关于计算机控制台设计的人机工程学的论文。1964 年，"鼠标之父"道格拉斯·恩格尔巴特发明了世界上第一个鼠标（图 2-9），申请专利时起名"显示系统 X-Y 位置指示器"。这个新型装置是一个小木头盒子，里面有 2 个滚轮，但只有 1 个按钮。1969 年在英国剑桥大学召开了第一次人机系统国际大会，同年，第一份专业杂志《国际人机研究》创刊。在 1970 年成立了 2 个 HCI 研究中心：一个是英国的拉夫堡大学的 HUSAT 研究中心，另一个是美国 Xerox 公司的 Palo Alto 研究中心。1970 ～ 1973 年，多本与计算机相关的人机工程学专著相继出版，为人机交互界面的发展指明了方向。

图 2-9　世界上第一个鼠标

20 世纪 80 年代初期，学术界相继出版了 6 部专著，对最新的人机交互研究成果进行了总结。人机交互学科逐渐形成了自己的理论体系并完成了实践范畴的架构。1985 年，IBM 公司的 Model M 键盘成为现代电脑键盘布局的奠基石。1989 年 3 月，被称为"万维网之父"的蒂姆·伯纳·李（Tim Berners Lee）提出了设计万维网的构想，并向公司交出了建议书，之后，万维网犹如雨后春笋，崭露头角。

20 世纪 90 年代后期以来，随着高速处理芯片、多媒体技术和 Internet Web 技术的迅速发展和普及，人机交互的研究重点放在了智能化交互、多模态（多通道）——多媒体交互、虚拟交互以及人机协同交互等方面，也就是放在了以人为中心的人机交互技术方面。

由此可见，人机交互的发展是一个从人（用户）适应机器到机器适应人（用户）的过程。总结人机交互的发展历史，可以分为以下几个阶段：第一阶段，手工作业阶段，以打孔纸条为代表；第二阶段，交互命令语言阶段，用户通过编程语言操作计算机；第三阶段，图形用户界面阶段，Windows 操作系统是这一阶段的代表；第四阶段，语音交互、虚拟现实等智能人机交互的出现。

二、人机交互技术的原理框架

随着计算机制造工业的不断发展，计算机性能得到长足提高，相关外围设备不断更新换代。在此基础上，人机交互技术也随着硬件的发展朝着更加完善、自然、方便的方向发展。现代人机交互技术是以人为中心，通过多种媒体、多种模式进行交互。人机交互技术涉及多种学科和专业领域，包括图形学、通信传递、光学技术、模式识别技术、计算机视觉技术、图像处理技术等。人机交互系统的实现一般要满足以下原则：

（一）界面分析与规范原则

在人机交互设计中，首先应进行界面布局分析设计，即在收集到所需要的环境信息以后，按照系统工作情况以及需要了解的信息分布，分析在进行任务时操作人员对界面设计的需求，选择合适的界面设计类型，并最终确定设计的主要组成部分。同时，进行界面设计时要了解人对光线的敏感度，在不同操作环境下使用不同的颜色，使得信息获取更加容易、方便。

（二）数据信息提供原则

在人机交互系统中，很多信息都是通过数据的方式表现出来的，因此，在人机交互的过程中要充分考虑到操作人员对信息的吸收速度，显示出最重要的信息，使得操作人员能够观察到最重要的信息，保证系统的运行。

（三）错误警告处理原则

由于操作人员可能存在对需要操作的系统不够了解的情况，在操作中可能会产生误操作，因此，一个良好的人机交互系统，在设计中应给操作人员提供操作步骤提示，使用户可以按照提示正确操作，降低操作失误的概率。同时也要考虑到系统中可能出现的危险，将其提供给操作人员，方便操作人员在操作过程中进行分析。提示信息要做到简洁、明确，出现的位置也要考虑操作人员的观察习惯，以便信息尽快合理地被操作人员吸收、采纳。

（四）命令的输入原则

对于人机交互技术，不只是计算机需要给操作人员提供信息，操作人员也需要在不同阶段向计算机输入不同的命令。在一个良好的人机交互系统中，操作人员的命令应该尽量简单，能够很方便地输入，如按动一个按键就能够实现一系列的运算，减少操作人员的工作量。

在人机交互技术中，执行现实与虚拟仿真环境进行交互的过程，主要通过合理的界面布局，通过计算机对系统进行处理，在不同的阶段，对应显示合理的数据，同时，根据需求相应地改变操作提示语言，使得现实中的操作人员可以准确地获得需要知道的信息，并对其进行操作，从而实现虚拟和现实的交互。

三、人机交互技术的应用

（一）智能网联汽车的 HUD 系统

伴随着汽车电动化、智能化、网联化变革，传统驾驶舱迅速同步演变，融合人工智能、自动驾驶、AR（Augmented Reality，增强现实）等新技术后，"智能驾驶舱"逐渐兴起。智能驾驶舱能实现中控、液晶仪表、后座娱乐等多屏融合交互体验，以及语音识别、手势控制等更智能的交互方式，重新定义了汽车人机交互。

抬头显示（Head Up Display，HUD）又被叫做平行显示系统，它的作用就是把当前车速、导航信息、红色故障标记、驾驶辅助信息等内容投影到驾驶员前面的风挡玻璃上，让驾驶员尽量做到不低头、不转头就能看到核心驾驶信息，避免分散对前方道路的注意力。应用该系统，驾驶员不必经常在观察远方的道路和近处的仪表之间切换视线，有效避免了视觉疲劳。鉴于 HUD 在提升驾驶安全等方面有着巨大优势和潜力，如今已经有越来越多的车型开始配备车载 HUD 系统。随着成像技术的发展，在融入增强现实技术后，HUD 技术进入新的发展阶段。AR-HUD 仍将信息投射到风挡玻璃上，但不同之处在于，投射的内容与位置会与现实环境相结合，风挡玻璃上显示的信息将扩增到车前方的街道上，使信息更加真实。AR-HUD 技术在 L3 级及以下自动驾驶阶段，能够强化驾驶安全性，增强人机交互的体验。目前，全球主要汽车零部件制造商，如大陆集团、伟世通公司、松下集团等在加大 AR-HUD 的技术投入和商业化产品落地。大陆集团和 DigiLens 公司共同开发的超薄全息式抬头显示器将在三个维度上实现小型化，更确保了人与机器的触控灵敏度，语音识别与手势控制的直观性，它将恰当的信息投射在界面上，使驾乘者感受更直观。伟世通公司的 AR-HUD 集成了前视摄像头和驾驶员监控摄像头，当驾驶员注意力分散，或者车辆偏离车道以及车辆有碰撞危险的时候，会发出智能预警。

（二）智能家居系统

就现代科技来讲，已经有很多智能手机都可以通过指纹解锁，指纹识别会扫描指纹，如果指纹相符，手机屏幕就被点亮了。可以说我们目前正在向个性化生物识别进发，未来个性化生物识别可能会出现在我们生活的方方面面。未来的设备将能全方面地感知用户的需求，甚至预知其潜在需求。这也对人机交互方式提出了更高的技术要求，即能全方位地感知人及周围环境的一切。

比如，当你感觉到冷了、热了、渴了、累了的时候，只要稍稍"动一下脑筋"，围绕在你生活周围的智能产品就会感知到，并能快速满足你的需求；在你觉得累了的时候，音乐播放器就会为你播放舒缓的音乐；

当你觉得饿了的时候，家里冰箱会根据里面储存的食物制作好食谱等。未来，各类交互方式都会进行深度融合，使智能设备更加自然地与人类生物反应及处理过程同步，包括思维过程，甚至一个人的文化偏好等，这个领域充满着各种各样新奇的可能性。

随着可穿戴设备、智能家居、物联网等领域在科技圈的大热，全面打造智能化生活成为接下来的焦点，而人机交互方式会逐渐成为实现这种生活的关键环节。

第六节　知识工程

1977年，第五届国际人工智能联合会议上，曾获得1994年图灵奖的美国斯坦福大学计算机系教授、专家系统之父、知识工程奠基人爱德华·费根鲍姆，做了关于"人工智能的艺术"（The Art of Artificial Intelligence）的演讲，提出"知识工程"这一名称，指出"知识工程是应用人工智能的原理与方法，为那些需要专家知识才能解决的应用难题提供求解的手段。恰当地运用专家知识的获取、表达和推理过程的构成与解释，是设计基于知识的系统的重要技术问题"。

一、知识工程的发展历程

知识工程的发展从时间上划分大体上经历了以下3个时期：

（一）实验性系统时期（1965～1974年）

1965年，爱德华·费根鲍姆领导他的研究小组开始研制化学专家系统DENDRAL，并于1968年研制成功，成为世界上第一个专家系统。这是一种推断分子结构的计算机程序，该系统存储有非常丰富的化学知识，它所解决问题的能力达到专家水平，甚至在某些方面超过同行专家的能力。专家系统作为早期人工智能的重要分支，是一种在特定领域内具有专家水平解决问题能力的程序系统，其中包括它的设计者。后来，费根鲍姆将其正式命名为"知识工程"。

（二）MYCIN 时期（1975～1980 年）

20 世纪 70 年代中期，MYCIN 专家系统在斯坦福大学被研制成功，这是一种用医学诊断与治疗感染性疾病的计算机程序的"专家系统"，旨在通过推荐某些传染病的治疗方法来协助医生，人工智能先驱艾伦·纽厄尔称其为所有专家系统的"祖父""该领域的开创者"。MYCIN 还第一次使用了目前专家系统中常用的知识库（Knowledge Base，KB）的概念和不精确推理技术，不但具有较高的性能，而且具有解释功能和知识获取功能。在这个阶段，"知识工程"概念的提出，意味着知识工程作为一门新兴的边缘科学已经基本形成。

（三）作为知识工程的"产品"在产业部门开始应用的时期（1980 年至今）

技术的进步和需求的升级，导致外部环境加速变化，组织成果和知识也以前所未有的速度源源不断地产生。随着组织内部各领域的专业性越来越强，组织成员快速获取知识和使用知识的能力成为其核心技能，管理与应用知识的能力也成为企业的核心竞争力，国内外各大企业纷纷在知识管理和应用方面进行积极实践。比较著名的有 NASA 知识工程体系、波音公司知识工程体系、英国石油公司（BP）知识管理、欧盟基于知识的研发体系等，这些组织和机构在实践应用的广度和深度上各有特色。

我国的知识工程研究起步较晚，直至 20 世纪 70 年代末期才开始，但发展速度很快。如今，在实用专家系统的开发、知识工程工具的研制和知识工程一般理论的研究等方面都取得了一定成果。

人工智能的研究表明，专家之所以成为专家，主要在于他们拥有大量的专业知识，特别是长期地从实践中总结和积累的经验技能知识。从知识工程的发展历史可以看出，知识工程是伴随"专家系统"建造的研究而产生的。实际上，知识工程的焦点就是知识。知识工程领域的主要研究方向包含知识获取、知识表示和推理方法等，其研究目标是挖掘和抽取人类知识，用一定的形式表现这些知识，使之成为计算机可操作的对象，从而使计算机具有人类的一些智能。

二、知识工程的原理框架

知识工程是计算机科学与人工智能研究的重要领域之一，主要研究内容包括知识获取、知识表示、知识推理、知识管理等。知识工程运用人工智能的原理和方法，为需要专家知识才能解决的应用难题提供求解的手段。它以知识为基础，主要研究如何用计算机表示专业领域知识，通过知识推理进行问题的自动求解。

（一）知识获取

知识获取是将用于领域问题求解的专家知识从某种知识源中总结和抽象出来，转换为计算机知识库系统中的知识的过程。其方法可分为手工、半自动和自动知识获取。手工、半自动知识获取方法主要是通过访问领域专家获取大量专业知识，传统的专家系统一般依靠这种方式获取专家知识，但效率较低。随着计算机技术的进步和人工智能技术的发展，知识获取逐渐形成一个自动科学建模的过程，常见的知识获取方式有机器学习、数据挖掘、神经网络等。知识获取一般分为4个步骤：问题识别和特征提取、获取概念和关系、知识的结构化表示、知识库的形成。

（二）知识表示

知识表示是利用计算机能够识别、接受并处理的符号和方式来表示人类在客观世界中获得的知识。知识表示主要是寻找知识和表示之间的映射关系，常见的方法主要有基于产生式规则的知识表示方法、基于事例的知识表示方法、面向对象的知识表示方法等。

（三）知识推理

知识推理是从已知的事实出发，运用已掌握的知识，找出其中蕴含的事实，或归纳出新的事实。一般而言，推理包括 2 种判断：一是已知判断；二是由已知知识推出的新的判断及推理的结论。换言之，知识推理是按照某种策略由已知判断推出另一判断的思维过程，实现从已有知识中推导出所需要的结论和知识。

（四）知识管理

知识管理指针对某个特定产品、项目或特殊管理对象，管理者具备大量专业知识和经验的专业系统，对专家的思维方式和过程进行模拟，解决本该需要由专家解决的某一专业领域内复杂的问题，是知识库的高级别层次，是人工智能应用研究的重要领域。知识管理包括知识查询、知识增加、知识删除、知识修改，以及知识的一致性、完整性维护等，其实质是如何更好地利用企业中的显性知识和隐性知识。

三、知识工程的应用

"知识工程"由理论研究走向生产应用被称为"知识工程技术"（Knowledge Base Engineering，KBE）。目前，知识工程技术被广泛应用于制造加工、医疗、教育以及生产管理等领域，它通过知识库的建立与知识平台的使用，使产品质量得到了明显提升。在应用过程中，人们对知识工程技术的研究也取得了重大进展。对知识工程技术的研究与应用已成为一种流行趋势，其在很多领域都有广阔的应用空间。

（一）IBM Watson

2011 年，IBM Watson 正式诞生。最开始的时候，IBM Watson 是 IBM 研究院的一个研究课题，课题组从 2006 年开始研究自然语言处理。他们最著名的成就是 2011 年 2 月，IBM Watson 登录美国智力竞赛节目《危险边缘》，最终以压倒性优势击败了人类顶尖选手。IBM Watson 是认知计算系统的杰出代表，也是一个技术平台。认知计算代表一种全新的计算模式，它包含信息分析、自然语言处理和机器学习领域的大量技术创新，具有精细的个性化分析能力，它能利用文本分析与心理语言学模型对海量社交媒体数据和商业数据进行深入分析，并掌握用户个性特质。

如今，Watson 已经被应用到多个产业领域。例如，在医疗保健方面，它可以作为一种线上工具协助医疗专家进行疾病的诊断。医生可以输入一系列的症状和病史，基于 Watson 的诊断反馈，作出最终的诊断并制订相应的治疗计划；对于零售商来说，他们可以利用这项技术，帮助消费者更高效地找到他们想要的商品；对于旅行者来说，他们可以利用这项技术制订最可行的度假计划或出行路线。

（二）CATIA 知识工程

CATIA 是法国达索公司的产品开发旗舰解决方案，各个模块基于统一的数据平台，因此，CATIA 的各个模块存在着真正的全相关性，其知识工程里面的编程变量能够与外部设计显示特征形成一一对应的关系。一般来说，任何一个创成式特征都能够用一个函数或者公式来表达，不仅如此，理论上，任何一个复杂的特征，即便它由几个子特征，甚至几十个子特征的复杂运算或其他复杂操作构成，即便它的这些子特征具有完全的不确定性，乃至参与操作都让人感到头疼，也可以通过知识工程编程和计算机数学逻辑语言，把它表达得很清楚。因此，能够使大量复

杂的、不确定的操作在知识工程里面变成一般性问题来处理。

　　随着数字化制造技术的快速发展、产品任务的不断加大，工艺人员在工艺方案设计和数控编程阶段进行着不同程度的重复的工作，而通过知识工程的思想，可以在工艺设计过程中将原有的工程制造经验、专家知识及标准规范融入现有 d 工艺设计中，通过知识的"再利用"实现与 CATIA 系统的无缝连接，从而在一定程度上减少了工艺人员的重复工作。另外，利用 CATIA 的 Catalog 功能，可以将一些工程经验进行有效整理和存储，从而使专家知识得到高效利用。

第三章　人工智能在智能机器人领域的应用

第一节　智能机器人简介

智能机器人在生活中随处可见，扫地机器人、陪伴机器人等智能机器人不管是跟人语音聊天，还是自主定位导航行走、安防监控等方面，都离不开人工智能技术的支持。它之所以叫"智能机器人"，就是因为它有相当发达的"大脑"。在"大脑"中起作用的是中央处理器，这种计算机跟操作它的人有直接的关系。最主要的是，这种计算机可以完成按目的安排的动作。正因为这样，我们才说这种机器人是真正的机器人，尽管它们的外表可能有所不同。

智能机器人基于人工智能技术，把计算机视觉、语音处理、自然语言处理、自动规划等技术及各种传感器进行整合，使机器人拥有判断、决策的能力，能在各种不同的环境中处理不同的任务。

智能机器人凭借其发达的"大脑"，在指定环境中按照相关指令执行任务，在一定程度上取代人力，提升体验感。扫地机器人、陪伴机器人、迎宾机器人等智能机器人在生活中随处可见，这些机器人能跟人语音聊天、能自主定位导航行走、能进行安防监控等，从事着一些脏、累、繁、险、精的工作。

构成智能机器人的基础分别为硬件系统与软件系统，包括三大核心技术，分别是定位与导航系统、人机交互系统和环境交互系统。

一、智能机器人的定义

"机器人"是 20 世纪出现的新名词。1920 年，捷克剧作家恰佩克在其《罗素姆的万能机器人》剧本中首次提出"robot"这一单词，在捷克语言中的原意为"强制劳动的奴隶机器"。1942 年，科学家兼作家阿西莫夫（Asimov）提出了机器人学的 3 个原则：

第一，机器人必须不危害人类，也不允许它眼看着人类将受到伤害而袖手旁观；

第二，机器人必须绝对服从人类，除非这种服从有害于人；

第三，机器人必须保护自身不受伤害，除非为了保护人类或是人类命令它作出牺牲。

当然，对于智能机器人，尚未有一致的定义。国际标准化组织（ISO）对机器人的定义是：具有一定程度的自主能力，可在其环境内运动以执行预期任务的可编程执行机构。而国内的部分专家的观点是，只要能对外部环境作出有意识的反应，都可以称为智能机器人。如小米科技有限责任公司（简称：小米）的"小爱同学"、苹果的"Siri"等，虽然没有人形外表，也不能到处行走，但也可以称之为是智能机器人。

我们从广泛意义上理解所谓的智能机器人，它给人的最深刻的印象是一个独特的、能进行自我控制的"活物"。其实，这个自控"活物"的主要器官并不像真正的人那样微妙而复杂。智能机器人具备形形色色的内部信息传感器和外部信息传感器，如视觉、听觉、触觉、嗅觉。除具有感受器外，它还有效应器，作为作用于周围环境的手段，这就是"筋肉"，即自整步电动机，它们使手、脚、鼻子、触角等动起来。由此也可知，智能机器人至少要具备 3 个要素：感觉要素、反应要素和思考要素。

感觉要素指的是智能机器人感受和认识外界环境，进而与外界交流的能力。感觉要素包括视觉、听觉、嗅觉、触觉，利用摄像机、图像传感器、超声波传感器、激光器等内部信息传感器和外部信息传感器来实现功能。感觉要素是对人类的眼、鼻、耳等五官及肢体功能的模拟。

反应要素也称为运动要素，指的是智能机器人能够对外界作出反应性动作，完成操作者表达的命令，主要是对人类的四肢功能的模拟。运动要素通过机械手臂、吸盘、轮子、履带、支脚等来实现。

思考要素指的是智能机器人根据感觉要素所得到的信息，对下一步采用什么样的动作进行思考。智能机器人的思考要素是 3 个要素中的关键，是对人类大脑功能的模拟，也是人们要赋予机器人的必备要素。思考要素包括判断、逻辑分析、理解等方面的智力活动。

二、智能机器人的系统组成

单独的机器人只有与其他装置、周边设备以及其他生产机械配合使用才能有效地发挥作用。它们通常集成一个系统，该系统作为一个整体完成任务或执行操作。

机器人作为一个系统，由如下部件构成，如图 3-1 所示，在不至于引起歧义的情况下，我们通常将机器人系统简称为机器人。

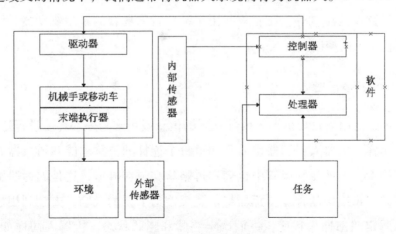

图 3-1　机器人系统

（一）机械手或移动车

机械手或移动车是机器人的主体部分，由连杆或活动关节以及其他结构部件构成。如果没有其他部件，仅有机械手并不能构成机器人。

（二）末端执行器

末端执行器是指连接在机械手最后一个关节上的部件，一般用来抓取物体，与其他结构连接并执行任务。机器人制造商一般不设计或出售末端执行器，多数情况下，他们只提供一个简单的抓持器。一般来说，机器人手部都备有能连接专用末端执行器的接口，这些末端执行器是为某种用途专门设计的，末端执行器的设计通常由工程师或顾问完成。这些末端执行器安装在机器人上完成给定环境中的任务，如焊接、喷漆、涂胶以及零件装卸等少数几个可能需要机器人完成的任务。通常，末端执行器的工作由机器人控制器直接控制，或将机器人控制器的控制信号传至末端执行器本身的控制装置。

（三）驱动器

驱动器是机械手的"肌肉"。常见的驱动器有伺服电动机、步进电动机、气缸及液压缸等，还有一些用于某些特殊场合的新型驱动器。驱动器受控制器的控制。

（四）传感器

传感器用来收集机器人内部状态的信息或用来与外部环境进行通信。像人一样，机器人控制器也需要知道每个连杆的位置才能知道机器人的总体构型。人即使在黑暗中也会知道胳膊和腿在哪里，这是因为肌腱内中枢神经系统中的神经传感器将信息反馈给了人的大脑，大脑利用这些信息测定肌肉伸缩程度，进而确定胳膊和腿的状态。机器人同样如此，集成在机器人内的传感器将每一个关节和连杆的信息发送给控制器，于是控制器就能决定机器人的构型。机器人常配有许多外部传感器，如视觉系统、触觉传感器、语言合成器等，以使机器人能与外界进行通信。传感器包括内部传感器和外部传感器，内部传感器用于监控机器人自身的状态，例如电池电量、温度和机械压力，还可以感知运动，提供有关机器人关节位置和速度的反馈。

（五）控制器

机器人控制器与人的小脑十分相似，虽然小脑的功能没有人的大脑功能强大，但它却控制着人的运动。机器人控制器从计算机中获取数据，控制驱动器的动作，并与传感器反馈信息一起协调机器人的运动。假如让机器人从箱柜里取出 1 个零件，第一关节角度必须为 35°，如果第一关节尚未达到这一角度，控制器就会发出 1 个信号到驱动器（输送电流到电动机、输送气体到气缸或发送信号到液压缸的伺服阀），使驱动器运动，然后通过关节上的反馈传感器（电位器或编码器等）测量关节角度的变化，当关节达到预定角度时，停止发送控制信号。对于更复杂的机器人，其运动速度和力也由控制器控制。

（六）处理器

处理器是机器人的"大脑"，用来计算机器关节的运动，确定每个关节应移动多少或多远才能达到预定的速度和位置，并且监督控制器与传感器协调运作。处理器通常就是一台计算机，只不过是一种专用计算机，它也需要拥有操作系统、程序和像监视器那样的外部设备等。

（七）软件

用于机器人的软件大致有三块：

第一块是操作系统，用来操作计算机；

第二块是机器人软件，它根据机器人的运动方程计算每一个关节的必要动作，然后将这些信息传送到控制器，这种软件有多种级别，即从机器语言到机器人使用的复杂高级语言不等；

第三块是例行程序集合和应用程序，它们是为了使用机器人外部设备而开发的（如视觉通用程序）或者是为了执行特定任务而开发的。

值得注意的是，在许多系统中，控制器和处理器被放置在同一单元中。虽然这两部分被放在同一装置盒内，甚至集成在同一电路中，但它们有各自的功能。

三、智能机器人的分类

由于智能机器人在各行各业都有不同的应用，所以很难对它们进行统一分类。可以从机器人的智能程度、形态、使用途径、国家政策等不同的角度对智能机器人进行分类。

（一）按智能程度分类

智能机器人根据其智能程度的不同，可分为传感型、交互型、自主型智能机器人三类。

1.传感型智能机器人

传感型智能机器人又称外部受控机器人，机器人的本体上没有智能单元，只有执行机构和感应机构，它具有利用传感信息（包括视觉、听觉、触觉、力觉和红外、超声及激光等）进行传感信息处理，实现控制与操作的能力。它受控于外部计算机，外部计算机上有智能处理单元，处理由受控机器人采集的各种信息以及机器人本身的各种姿态和轨迹等信息，然后发出控制指令指挥机器人的动作。目前，机器人世界杯的小型组比赛使用的机器人就属于这样的类型。

2.交互型智能机器人

机器人通过计算机系统与操作员或程序员进行人机对话，实现对机器人的控制与操作。这种机器人虽然具有了部分处理和决策功能，能够独立地实现一些诸如轨迹规划、简单的避障等功能，但是还要受到操作员或程序员的控制。

3. 自主型智能机器人

自主型智能机器人在设计制作之后，无须人的干预，机器人能够在各种环境下自动完成各项拟人任务。自主型机器人的本体上具有感知、处理、决策、执行等模块，就像一个自主的人一样能够独立地活动和处理问题。机器人世界杯的中型组比赛中使用的机器人就属于这一类型。自主型智能机器人的最重要的特点在于它的自主性和适应性。自主性是指它可以在一定的环境中，不依赖任何外部控制，完全自主地执行一定的任务。适应性是指它可以实时识别和测量周围的物体，根据环境的变化调节自身的参数，调整动作策略及处理紧急情况。交互性也是自主机器人的一个重要特点，机器人可以与人、外部环境及其他机器人进行信息交流。由于自主型智能机器人涉及诸如驱动器控制、传感器数据融合、图像处理、模式识别、神经网络等许多方面的研究，所以能够综合反映一个国家在制造业和人工智能等方面的发展水平。因此，许多国家都非常重视自主型智能机器人的研究。

智能机器人的研究从 20 世纪 60 年代初开始，经过几十年的发展，目前，基于感觉控制的智能机器人（又称第二代机器人）已达到实际应用阶段，基于知识控制的智能机器人（又称自主机器人或下一代机器人）也取得较大进展，已研制出多种样机。

（二）按形态分类

1. 仿人智能机器人

模仿人的形态和行为而设计制造的机器人就是仿人机器人，一般分别或同时具有仿人的四肢和头部。机器人一般根据不同应用需求被设计成不同形状，具有不同功能，如步行机器人、写字机器人、奏乐机器人、玩具机器人等。仿人机器人研究集机械、电子、计算机、材料、传感器、控制技术等多门科学于一体，代表着一个国家的高科技发展水平。

2.拟物智能机器人

拟物智能机器人是仿照各种各样的生物、日常使用物品、建筑物、交通工具等做出的机器人，是采用非智能或智能系统来方便人类生活的机器人，如机器宠物狗、六脚机器昆虫、轮式机器人、履带式机器人等。

（三）按使用途径分类

1.工业生产型机器人

机器人的观念已经越来越多地获得生产型、加工型企业的青睐，工业生产型机器人由操作机（机械本体）、控制器、伺服驱动系统和检测传感装置构成，是一种仿人操作、自动控制、可重复编程、能在三维空间完成各种作业的机电一体化自动化生产设备，特别适合于多品种、大批量的柔性生产，它对提高产品质量、提高生产效率、改善劳动条件和产品的快速更新换代起着十分重要的作用。

机器人并不是在简单意义上代替人工的劳动，而是综合了人的特长和机器的特长的一种拟人的电子机械装置，既具备人类对环境状态的快速反应和分析判断能力，又具备机器可长时间持续工作、精确度高、抗恶劣环境的能力。从某种意义上说，它也是机器进化过程的产物，是工业以及非产业界的重要生产和服务性设备，也是先进制造技术领域不可缺少的自动化设备。

2.特殊灾害型机器人

特殊灾害型机器人主要针对核电站事故及核、生物、化学恐怖袭击等情况而设计。远程操控机器人装有轮带，可以跨过瓦砾测定现场周围的核辐射量、细菌、化学物质、有毒气体等状况并将数据传给指挥中心，指挥者可以根据数据选择污染较少的地方进入路线。现场人员携带测定核辐射量、呼吸、心跳、体温等数据的机器开展活动，这些数据将即时传到指挥中心，指挥者一旦发现有中毒危险或测定精神压力，发现危险性较高时可立刻指挥撤退。

3. 医疗机器人

医疗机器人是指用于医院、诊所的医疗或辅助医疗的机器人，是一种智能型服务机器人，它能独自编制操作计划，依据实际情况确定动作程序，然后把动作变为操作机器的运动。在手术机器人领域，"达·芬奇"机器人为当前最顶尖的手术机器人，全称为"达·芬奇高清晰三维成像机器人手术系统"。"达·芬奇"手术机器人是目前世界范围内最先进的、应用最广泛的微创外科手术系统，适合普外科、泌尿外科、心血管外科、胸外科、五官科、小儿外科等科室的微创手术。这是当今全球唯一获得FDA（Food and Drug Administration，美国食品药品管理局）批准应用于外科临床治疗的智能内镜微创手术系统。

还有外形与普通胶囊无异的"胶囊内镜机器人"，借助这个智能系统，医生可以通过软件控制胶囊机器人在胃内的运动，改变胶囊姿态，按照需要的视觉角度对病灶进行重点照片拍摄，从而达到全面观察胃黏膜并作出诊断的目的。

4. 智能人形机器人

智能人形机器人也叫作仿人机器人，是具有人形的智能机器人，如ROBOTX人形机器人，在机器的各活动关节配置有多达17个伺服器，具有17个自由度，特别灵活，能完成诸如手臂后摆90°的高难度动作。它还配有设计优良的控制系统，通过自身智能编程软件便能自动地完成整套动作。人形机器人可完成随音乐起舞、行走、起卧、武术表演、翻跟斗等杂技以及各种奥运竞赛动作等。

（四）按国家政策分类

在工业和信息化部、国家发展改革委、财政部三部委联合印发的《机器人产业发展规划（2016—2020 年）》中，明确指出了机器人产业发展要推进重大标志性产品率先突破。"十大标志性产品"中就包括：在工业机器人领域，聚焦智能生产、智能物流，攻克工业机器人关键技术，提升可操作性和可维护性，重点发展弧焊机器人、真空（洁净）机器人、全自主编程智能工业机器人、人机协作机器人、双臂机器人、重载 AGV 机器人 6 种标志性工业机器人产品，引导我国工业机器人行业向中高端发展。

在服务机器人领域，重点发展消防救援机器人、手术机器人、智能型公共服务机器人、智能护理机器人 4 种标志性产品，推进专业服务机器人实现系列化，个人、家庭服务机器人实现商品化。

智能机器人作为一种交叉融合多学科知识的技术，几乎是伴随着人工智能所产生的。而智能机器人在当今社会变得越来越重要，越来越多的领域和岗位都需要智能机器人的参与，这使得智能机器人的研究也越来越深入。在不久的将来，随着智能机器人技术的不断发展和成熟，在众多科研人员的不懈努力下，智能机器人必将走进千家万户，更好地服务人们的生活，让人们的生活更加舒适和健康。

四、智能机器人关键技术

智能机器人的核心技术包括导航与定位、人机交互和环境交互三大类，具体可以进一步划分为以下 6 种技术：

（一）多传感器信息融合

多传感器信息融合技术是近年来十分热门的研究课题，它与控制理论、信号处理、人工智能、概率和统计相结合，为机器人在各种复杂、动态、不确定和未知的环境中执行任务提供了技术解决途径。机器人所用的传感器有很多种，根据不同用途分为内部测量传感器和外部测量传感器两大类。内部测量传感器用来检测机器人组成部件的内部状态，包括位置传感器、角度传感器、速度传感器、加速度传感器、倾斜角传感器、方位角传感器等。外部传测量感器包括视觉（测量、认识传感器）、触觉（接触、压觉、滑动觉传感器）、力觉（力、力矩传感器）、接近觉（接近觉、距离传感器），以及角度传感器（倾斜、方向、姿势传感器）。多传感器信息融合就是指综合来自多个传感器的感知数据，以产生更可靠、更准确、更全面的信息。经过融合的多传感器系统，能够更加完善、精确地反映检测对象的特性，消除信息的不确定性，提高信息的可靠性。融合后的多传感器信息具有以下特性：冗余性、互补性、实时性和低成本性。目前，多传感器信息融合方法主要有贝叶斯估计、Dempster-Shafer 理论、卡尔曼滤波、神经网络、小波变换等。多传感器信息融合技术的主要研究方向有多层次传感器融合、微传感器和智能传感器、自适应多传感器融合。

多层次传感器融合：由于单个传感器具有不确定性、观测失误和不完整性的弱点，因此，单层数据融合限制了系统的能力和鲁棒性。对于要求高鲁棒性和灵活性的先进系统，可以采用多层次传感器融合的方法：低层次融合方法可以融合多传感器数据；中间层次融合方法可以融合数据和特征，得到融合的特征或决策；高层次融合方法可以融合特征和决策，直到最终的决策。

微传感器和智能传感器：传感器的性能、价格和可靠性是衡量传感器优劣与否的重要标志，然而许多性能优良的传感器由于体积大而限制了应用市场。微电子技术的迅速发展使小型和微型传感器的制造成为可能。智能传感器将主处理器、硬件和软件集成在一起，如 Par Scientific 公司研制的 1000 系列数字式石英智能传感器，日本日立研究所研制的可以识别多达 7 种气体的嗅觉传感器，美国 Honeywell 研制的 DSTJ 23000 智能压差压力传感器等，都具备了一定的智能。

自适应多传感器融合：在实际生活中，很难得到环境的精确信息，也无法确保传感器始终能够正常工作。因此，针对各种不确定情况，鲁棒融合算法十分必要。现已研究出一些自适应多传感器融合算法来处理由传感器的不完善带来的不确定性。如宏（Hong）通过革新技术提出一种扩展的联合方法，能够估计单个测量序列滤波的最优卡尔曼增益；帕克尼（Pacini）和科斯科（Kosko）也研究出一种可以在轻微环境噪声下应用的自适应目标跟踪模糊系统，它在处理过程中结合了卡尔曼滤波算法。

（二）导航与定位

在机器人系统中，自主导航是一项核心技术，是机器人研究领域的重点和难点问题。导航的基本任务有 3 个：第一，基于环境理解的全局定位，即通过环境中景物的理解，识别人为路标或具体的实物，以完成对机器人的定位，为路径规划提供素材；第二，目标识别和障碍物检测，即实时对障碍物或特定目标进行检测和识别，提高控制系统的稳定性；第三，安全保护，能对机器人工作环境中出现的障碍和移动物体做出分析并避免对机器人造成损伤。

机器人有多种导航方式，根据环境信息的完整程度、导航指示信号类型等因素的不同，可以分为基于地图的导航、基于创建地图的导航、无地图的导航三类。根据导航采用的硬件的不同，可将导航系统分为视觉导航和非视觉传感器导航。视觉导航是利用摄像头进行环境探测和辨识，以获取场景中绝大部分信息。目前，视觉导航信息处理的内容主要包括视觉信息的压缩和滤波、路面检测和障碍物检测、环境特定标志的识别、三维信息感知与处理。非视觉传感器导航是指采用多种传感器共同工作，如探针式传感器、电容式传感器、电感式传感器、力学传感器、雷达传感器、光电传感器等，用来探测环境，对机器人的位置、姿态、速度和系统内部状态等进行监控，感知机器人所处工作环境的静态和动态信息，使得机器人相应的工作顺序和操作内容能自然地适应工作环境的变化，有效地获取内外部信息。

在自主移动机器人导航中，无论是局部避障还是全局规划，都需要精确知道机器人或障碍物的当前状态及位置，以完成导航、避障及路径规划等任务，这就是机器人的定位系统。比较成熟的定位系统可分为被动式传感器系统和主动式传感器系统。被动式传感器系统通过码盘、加速度传感器、陀螺仪、多普勒速度传感器等感知机器人自身运动状态，经过累积计算得到定位信息。主动式传感器系统通过包括超声传感器、红外传感器、激光测距仪以及视频摄像机等主动式传感器感知机器人外部环境或人为设置的路标，与系统预先设定的模型进行匹配，从而得到当前机器人与环境或路标的相对位置，获得定位信息。

（三）路径规划

路径规划技术是机器人研究领域的一个重要分支。最优路径规划就是依据某个或某些优化准则（如工作代价最小、行走路线最短、行走时间最短等），在机器人工作空间中找到一条从起始状态到目标状态，可以避开障碍物的最优路径。

路径规划方法大致可以分为传统方法路径规划和智能路径规划方法两种。传统路径规划方法主要有以下几种：自由空间法、图搜索法、栅格解耦法、人工势场法。大部分机器人路径规划中的全局规划都是基于上述几种方法进行的，但这些方法在路径搜索效率及路径优化方面有待进一步改善。人工势场法是传统方法中较成熟且高效的规划方法，它通过环境势场模型进行路径规划，但是没有考察路径是否最优。

智能路径规划方法将遗传算法、模糊逻辑及神经网络等人工智能方法应用到路径规划中，能够有效提高机器人路径规划的避障精度，加快规划速度，满足实际应用的需要。其中应用较多的方法主要有模糊逻辑、神经网络、遗传算法等，这些方法在障碍物环境已知或未知情况下均已取得一定的研究成果。

（四）机器人视觉

视觉系统是自主机器人的重要组成部分，一般由摄像机、图像采集卡和计算机组成。机器人视觉系统的工作内容包括图像的获取，图像的处理和分析、输出和显示，核心任务是特征提取、图像分割和图像辨识。如何精确高效地处理视觉信息是视觉系统的关键问题。目前，视觉信息处理逐步细化，包括视觉信息的压缩和滤波、环境和障碍物检测、特定环境标志的识别、三维信息感知与处理等。其中环境和障碍物检测是视觉信息处理中最重要也是最困难的环节。

边沿抽取是视觉信息处理中常用的一种方法。对于一般的图像边沿抽取，如采用局部数据的梯度法和二阶微分法等，对于需要在运动中处理图像的移动机器人而言，这种方法难以满足实时性的要求。为此，人们提出了一种基于计算智能的图像边沿抽取方法，如基于神经网络的方法、利用模糊推理规则的方法，特别是贝兹德克（Bezdek）教授近期全面地论述了利用模糊逻辑推理进行图像边沿抽取的意义。具体到视觉导航，就是将机器人在室外运动时所需要的道路知识，如公路白线和道路边沿信息等，集成到模糊规则库中以提高道路识别效率和鲁棒性。另外，还有人提出了将遗传算法与模糊逻辑相结合的方法。

机器人视觉是其智能化最重要的标志之一，对机器人智能及控制都具有非常重要的意义。

（五）智能控制

随着机器人技术的发展，传统控制理论无法精确解析建模的物理对象及信息不足的病态过程等缺点暴露无遗。近年来，许多学者提出了各种不同的机器人智能控制系统。机器人的智能控制方法有模糊控制、神经网络控制、智能控制技术的融合（模糊控制和变结构控制的融合、神经网络控制和变结构控制的融合、模糊控制和神经网络控制的融合、基于遗传算法的模糊控制方法）等。

近几年，机器人智能控制在理论和应用方面都有较大进展。在模糊控制方面，巴克利（Buckley）等人论证了模糊系统的逼近特性，曼丹（Mamdan）首次将模糊理论用于一台实际机器人。模糊系统在机器人的建模、控制、对柔性臂的控制、模糊补偿控制以及移动机器人路径规划等各个领域都得到了广泛的应用。在机器人神经网络控制方面，CMCA（Cere-bella Model Controller Articulation）是应用较早的一种控制方法，其最大特点是实时性强，尤其适用于多自由度操作臂的控制。智能控制方法提高了机器人的速度及精度，但是也有其自身的局限性，例如，机器人模糊控制中的规则库如果很庞大，推理过程的时间就会过长；如果规则库很简单，控制的精确性又会受到限制。无论是模糊控制还是变结构控制，抖振现象都会存在，这将给控制带来严重的影响。神经网络的隐藏层数量和隐藏层内神经元数的合理确定，仍是目前神经网络在控制方面所遇到的问题。另外，神经网络易陷于局部极小值等问题，也是智能控制设计中亟须解决的问题。

（六）人机接口技术

智能机器人的研究目标并不是完全取代人，目前，仅仅依靠计算机来控制复杂的智能机器人系统是有一定困难的，即使可以做到，智能机器人也会因为缺乏对环境的适应能力而并不实用。智能机器人系统还不能完全排斥人的作用，而是需要借助人机协调来实现系统控制。因此，设计良好的人机接口就成为智能机器人研究的重点问题之一。

人机接口技术是研究如何使人方便自然地与计算机交流的一门技术。为了实现这一目标，除了要求机器人控制器有一个友好的、灵活方便的人机界面外，还要求计算机能够看懂文字、听懂语言、说话表达，甚至能够进行不同语言之间的翻译，而这些功能的实现又依赖于知识表示方法的研究。因此，研究人机接口技术既有巨大的应用价值，又有基础理论意义。目前，人机接口技术研究已经取得了显著成果，文字识别、语音合成与识别、图像识别与处理、机器翻译等技术已经开始实用化。另外，人机接口装置和交互技术、监控技术、远程操作技术、通信技术等也是人机接口技术的重要组成部分，其中远程操作技术是一个重要的研究方向。

五、智能机器人的优势与劣势

随着社会的发展，机器人逐渐成为生产、生活中一个重要的组成部分，机器人在代替人类完成某些工作方面具备以下几个方面的优势：

第一是提高生产率、安全性、效率、产品质量和产品一致性。

第二是可以在危险或者不良的环境下工作，可以不知疲倦、不知厌烦地持续工作，这些工作属于 3D（Dirty、Dull、Dangerous）类型。

第三是除了发生故障或磨损外，能始终如一地保持精确度，而且一般具有比人更高的精确度。

第四是具有某些人类所不具有的能力，如大力气、高速度等。

第五是可以同时响应多个激励或处理多项任务。

同样，机器人也存在一些缺点，具体表现在以下几方面：

第一，带来经济和社会问题，如导致工人失业、工人情绪上的不满与怨恨等。

第二，机器人一般缺乏应急能力。

第三，在很多方面具有局限性，如自由度、灵巧度、传感器能力、视觉系统、实时响应能力都还存在局限性，有些方面不如人类。

第四，费用开销大，包括设备费、安装费等，还有配套设备、培训、编程等费用。

如何处理人类与机器人的关系一直是机器人领域的热门话题。1942年，科学家兼作家阿西莫夫[1]在其短篇小说中提出了机器人三定律：

---

[1] 阿西莫夫，全名艾萨克·阿西莫夫（Isaac Asimov，1920—1992 年），美国科幻小说作家、科普作家、文学评论家，美国科幻小说黄金时代的代表人物之一。

第一定律：机器人不危害人类，不允许看人类受害而袖手旁观。

第二定律：机器人绝对服从人类，除非这种服从有害于人类。

第三定律：保护自身不受害，除非为了保护人类或是人类命令它作出特性。

这三条定律，给机器人社会赋予了新的伦理性，并使得机器人更易于为人类社会接受。

第二节　人工智能技术下的服务机器人

服务机器人是机器人家族中的一个年轻成员，到目前为止尚没有一个严格的定义，不同国家对服务机器人的认识不同。一般来说，服务机器人可以分为专业领域服务机器人和个人、家庭服务机器人。

一、服务机器人概述

国际机器人联合会经过几年的搜集整理，对服务机器人下了一个初步的定义：服务机器人是一种半自主或全自主工作的机器人，它能完成有益于人类健康的服务工作，但不包括从事生产的设备。

服务机器人的应用范围很广，主要从事维护保养、修理、运输、清洗、保安、救援、陪伴与护理等工作。服务机器人主要包括医用机器人、多用途移动机器人平台、水下机器人、清洁机器人、家族服务机器人等。

有数据显示，目前，世界上至少有 48 个国家在发展机器人产业，其中 25 个国家已涉足服务机器人的开发。在日本、北美和欧洲，迄今已有 7 种类型 40 余款服务机器人进入实验和半商业化应用。近年来，全球服务机器人市场保持了较快的增长速度。根据国际机器人联盟的数据，2010 年以来，全球专业领域服务机器人和个人、家庭服务机器人销售额同比增长年均超过 10%。

另外，全球人口的老龄化带来了大量的社会问题，如对老年人的看护、医疗问题等，解决这些问题势必给财政造成很大的负担。由于服务机器人所具有的特点，广泛使用服务机器人能够显著地降低财政负担，因而，服务机器人被大量应用。陪护机器人能应用于养老院或社区服务站，它具有生理信号检测、语音交互、远程医疗、智能聊天、自主避障等功能。在养老院机器人能够实现自主导航避障功能，老年人能够通过语音和触屏进行人机交互；配合相关检测设备，机器人还能实现检测与监控血压、心跳、血氧等生理信号的功能，并可无线连接社区网络传输到社区医疗中心，紧急情况下可及时报警或通知亲人：机器人还具有智能聊天功能，可以辅助老人进行心理康复。陪护机器人为人口老龄化带来的重大社会问题提供了解决方案。

我国在服务机器人领域的研发与日本、美国等国家相比起步较晚。在国家重大科技计划的支持下，我国在服务机器人研究和产品研发方面已做了大量工作，并取得了一定的成绩，如哈尔滨工业大学研制出来导游机器人、迎宾机器人、清扫机器人等，华南理工大学研制出了机器人护理床，中国科学院自动化研究所研制出了智能轮椅等。

二、服务机器人的应用

据公开数据显示，目前，全球工业机器人占比超过80％，军事及医学用途的服务机器人占比为10％，以家庭机器人为代表的服务类机器人不足5％。而随着经济发展及老龄化社会在很多国家出现，家庭安全防范日益引起人们的重视，养老问题形势严峻，于是以家庭为单位的兼容安全防护、养老育婴及健康服务的机器人成为目前行业中的关注热点。例如，有在家庭中根据不同场景，为老年人提供看护及医疗服务的机器人；还有致力于儿童教育的教育机器人，能与儿童亲切自然地进行交流：从家庭安全的角度来看，安防机器人的普及应用可以明显降低家庭事故的发生概率。安防机器人可以监护家庭安全，主动保护儿童的人身安全，也可以代替人进行高危项目的操作，将成为除工业机器人外需求量最大的机器人。

（一）军事领域

智能服务机器人在国防及军事上的应用，将颠覆人类未来战争的整体格局。智能机器人一旦被用于战争，将成为人类战争的又一大撒手锏，士兵们可以远程操纵这些智能服务机器人进行战前侦察、站岗放哨、运送军资、实地突击等。波士顿动力公司就制造出了可用于军事用途的机器人。名为"阿凡达"的军事机器人研究计划就是美国国防局想利用人工智能技术，创造出类似于电影中"阿凡达"的智能服务机器人用于军事活动的一个研究项目。智能机器人在军事上主要有以下 6 大用途：

1.用于直接执行战斗任务

用机器人代替一线作战士兵以降低人员伤亡，这是目前美国、俄罗斯等国研制机器人时最重视的研究方向。这类机器人包括固定防御机器人、步行机器人、反坦克机器人、榴炮机器人、飞行助手机器人、海军战略家机器人等。类似的作战机器人还有徘徊者机器人、步兵先锋机器人、重装哨兵机器人、电子对抗机器人、机器人式步兵榴弹等。

2.用于侦察和观察

侦察历来是最危险的行业，其危险系数要高于其他军事行动。机器人作为从事危险工作最理想的代理人，当然是最合适的选择。目前，正在研制的这类机器人有战术侦察机器人、三防（防核沾染、防化学染毒和防生物污染）侦察机器人、地面观察员机器人、目标指示员机器人等。类似的侦察机器人还有便携式电子侦察机器人、铺路虎式无人驾驶侦察机等。

3.用于工程保障

繁重的构筑工事任务，艰巨的修路、架桥任务，危险的排雷、布雷任务，常使工程兵不堪重负。而这些工作对于机器人来说，最能发挥它们的"素质"优势。这类机器人包括多用途机械手、布雷机器人、飞雷机器人、烟幕机器人、便携式欺骗系统机器人等。

4.用于指挥与控制

随着人工智能技术的发展，为研制"能参善谋"的机器人创造了条件。研制中的这类机器人有参谋机器人、战场态势分析机器人、战斗计划执行情况分析机器人等。这类机器人，一般都装有较发达的"大脑"，即高级计算机和思想库。它们精通参谋业务，通晓司令部工作程序，有较高的分析问题的能力，能快速处理指挥中的各种情报信息，并通过显示器告诉指挥员，帮助指挥官下决定。

5.用于后勤保障

后勤保障是机器人较早运用的领域之一。目前，这类机器人有车辆抢救机器人、战斗搬运机器人、自动加油机器人、医疗助手机器人等，主要在泥泞、污染等恶劣条件下进行运输、装卸、加油、抢修技术装备、抢救伤病人员等后勤保障任务。

6.用于军事科研和教学

机器人充当科研助手进行模拟教学已有较长历史，并作出过卓越贡献。人类最早采集月球土壤标本、在太空回收卫星，都是由机器人完成的。如今，用于这方面的机器人较多，典型的有宇宙探测机器人、宇宙飞船机械臂、放射性环境工作机器人、模拟教学机器人、射击训练机器人等。

（二）医疗领域

医用机器人种类很多，按照其用途不同，有临床医疗用机器人、护理机器人、医用教学机器人和为残疾人服务的机器人等。比如，运送药品机器人可代替护士送饭、送病例和化验单等；移动病人机器人主要帮助护士移动或运送瘫痪和行动不便的患者；临床医疗用机器人包括外科手术机器人和诊断与治疗机器人，可以进行精确地外科手术或诊断，美国科学家研发的手术机器人"达·芬奇"系统在医生的操纵下，能精确完成心脏瓣膜修复手术和癌变组织切除手术；康复机器人可以帮助残疾人恢复独立生活能力；护理机器人能分担护理人员繁重琐碎的护理工作，帮助医护人员确认患者的身份，并准确无误地分发所需药品，将来，护理机器人还可以检查患者体温、清理病房，甚至通过视频传输帮助医生及时了解患者病情。

1. 护士助手机器人

"机器人之父"恩格尔伯格创建的 TRC 公司的第一个服务机器人产品是医院用的"护士助手"机器人，于 1985 年开始研制，1990 年开始出售，目前已在世界各国几十家医院投入使用。"护士助手"是自主式机器人，它不需要在线指导，也不需要事先做计划，一旦编好程序，它随时可以完成以下各项任务：运送医疗器材和设备，为患者人送饭，送病历、报表及信件，运送药品，运送试验样品及试验结果，在医院内部送邮件及包裹。

该机器人由行走部分、行驶控制器及大量的传感器组成。机器人可以在医院中自由行动，其速度为 0.7m/s 左右。机器人中装有医院的建筑物地图，在确定目的地后，机器人利用航线推算法自主地沿走廊导航，其结构光视觉传感器及全方位超声波传感器可以探测静止或运动的物体，并对航线进行修正。它的全方位触觉传感器保证机器人不会与人和物相碰，车轮上的编码器测量它行驶过的距离。在走廊中，机器人利用墙角确定自己的位置，而在病房等较大的空间时，它可利用天花板上的反射带，通过向上观察的传感器来定位。必要时，它还可以开门。在多层建筑物中，它可以给载人电梯"打电话"，并进入电梯到达所要到的楼层。紧急情况下，如某一外科医生及其患者使用电梯时，机器人可以停下来让路，2 分钟后它重新启动继续前进。通过"护士助手"上的菜单可以选择多个目的地。机器人有较大的显示屏及较好的音响装置，用户使用起来迅捷方便。

2.脑外科机器人辅助系统

2018 年，国家食品药品监督管理总局（CFDA）公布了一批最新医疗器械审查准产通知，"神经外科手术导航定位系统"位列其中。这意味着国内首个国产脑外科手术机器人正式获批准产，或许不久就能正式上岗。机器人在医疗方面的应用越来越多，如用机器人置换髋骨、用机器人做胸部手术等。这主要是因为用机器人做手术精度高、创伤小，大大减轻了患者的痛苦。从世界机器人的发展趋势看，用机器人辅助外科手术将成为一种必然趋势。

3.口腔修复机器人

我国目前有近 1200 万无牙颌患者，人工牙列是恢复无牙颌患者咀嚼功能、语言功能和面部美观的关键，也是制作全口义齿的技术核心和难点。传统的全口义齿制作方式是由医生和技师根据患者的颌骨形态，靠经验用手工制作的，无法满足日益增长的社会需求。北京大学口腔医院、北京理工大学等单位联合成功研制出口腔修复机器人。口腔修复机器人是一个由计算机和机器人辅助设计、制作全口义齿人工牙列的应用试验系统。该系统利用图像、图形技术来获取生成无牙颌患者的口腔软硬组织计算机模型，利用自行研制的非接触式三维激光扫描测量系统获取患者无牙颌骨形态的几何参数，采用专家系统软件完成全口义齿人工牙列的计算机辅助设计。口腔修复机器人的问世相当于快速培养和造就了一批高级口腔修复医疗专家和技术员。利用机器人代替手工排牙，不但能比口腔医疗专家更精确地以数字的方式操作，同时还能避免专家因疲劳、情绪波动、疏忽等带来的失误。这将使全口义齿的设计与制作进入到既能满足无牙颌患者个体生理功能及美观需求，又能达到规范化、标准化、自动化、工业化的水平，从而大大提高其制作效率和质量。

4.智能机器人轮椅

随着社会的发展和人类文明程度的提高，残疾人越来越需要运用现代高新技术改善自身的生活质量和生活自由度。因为各种交通事故、天灾人祸和种种疾病，每年均有成千上万的人丧失一种或多种能力（如行走、动手能力等）。因此，对帮助残障人士行走的机器人轮椅的研究已逐渐成为热点，中国科学院自动化研究所成功研制了一种具有视觉和口令导航功能，并能与人进行语音交互的机器人轮椅。该机器人轮椅主要有口令识别与语音合成、机器人自定位、动态随机避障、多传感器信息融合、实时自适应导航控制等功能。

（三）家庭服务

家庭服务机器人是为人类服务、能够代替人完成家庭服务工作的机器人，它包括行进装置、感知装置、接收装置、发送装置、控制装置、执行装置、存储装置、交互装置等。感知装置将在家庭居住环境内感知到的信息传送给控制装置，控制装置指令执行装置作出响应，并进行防盗监测、安全检查、卫生清洁、物品搬运、家电控制，以及家庭娱乐、病况监视、儿童教育、报时催醒、家用统计等工作。

按照智能化程度和用途的不同，目前的家庭服务机器人大体可以分为初级小家电类机器人、幼儿早教类机器人和人机互动式家庭服务机器人。

几年前，家庭服务机器人的概念还和普通老百姓的生活相隔甚远，广大消费者还体会不到家庭服务机器人给生活带来的便捷。而如今，越来越多的消费者正在使用家庭服务机器人产品，概念不再仅是概念，而是通过产品让消费者感受到了实实在在的贴心服务。例如，地面清洁机器人、自动擦窗机器人、空气净化机器人等已经走进了很多家庭。

另外，市场上还出现了很多智能陪伴机器人，有儿童陪伴机器人、老人陪伴机器人。功能上基本涵盖了人机交互（互动）、学习、视频等。

（四）其他领域

1. 户外清洗机器人

随着城市的现代化，一座座高楼拔地而起。为了美观，也为了得到更好的采光效果，很多写字楼和宾馆都采用了玻璃幕墙，这就产生了玻璃窗的清洗问题。其实不仅是玻璃窗，其他材料的壁面也需要定期清洗。长期以来，高楼大厦的外墙壁清洗，都是"一桶水、一根绳、一块板"的作业方式。洗墙工人腰间系一根绳子，游荡在高楼之间，不仅效率低，而且易出事故。近年来，随着科学技术的发展，可以靠升降平台或吊缆搭载清洁工进行玻璃窗和壁面的人工清洗，其效率与安全性得到了一定提高，但仍无法满足需求。而擦窗机器人的问世则使这一难题迎刃而解，这类户外清洗机器人可以沿着玻璃壁面爬行并完成擦洗动作，根据实际环境情况灵活自如地行走和擦洗，具有很高的可靠性。

2.爬缆索机器人

大多数斜拉桥的缆索都是黑色的，单调的色彩影响了斜拉桥的魅力。所以，近年来彩化斜拉桥成了许多桥梁专家追求的目标。但采用人工方法进行高空涂装作业不仅效率低、成本高，而且危险性大，尤其是在风雨天更加危险。为此，上海交通大学机器人研究所于1997年与上海黄浦江大桥工程建设处合作，研制了一台斜拉桥缆索涂装维护机器人样机。该机器人系统由两部分组成，一部分是机器人本体，另一部分是机器人小车。机器人本体可以沿各种倾斜度的缆索爬升，在高空缆索上自动完成检查、打磨、清洗、去静电、底涂和面涂及一系列的维护工作。机器人本体上装有摄像机，操作者可随时监视工作情况。另一部分机器人小车，用于安装机器人本体并向机器人本体供应水、涂料，同时监控机器人的高空工作情况。

爬缆索机器人具有沿索爬升功能、缆索检测功能、缆索清洗功能。爬缆索机器人还具有一定的智能，具有良好的人机交互功能，在高空可以对是否到顶、风力大小等一些环境情况作出判断，并实施相应的动作。

第三节　人工智能技术下的无人车

无人驾驶汽车又称自动驾驶汽车、电脑驾驶汽车、智能驾驶汽车或轮式移动机器人，是一种车内安装以计算机系统为主的智能驾驶仪来实现无人驾驶目的的智能汽车，已经有数十年的研发历史。无人驾驶汽车在 21 世纪初呈现出接近实用化的趋势，比如，谷歌无人驾驶汽车于 2012 年 5 月获得了美国首个无人驾驶车辆许可证，其原型汽车如图 3-2 所示。

图 3-2　无人驾驶汽车

无人驾驶汽车依靠人工智能、视觉计算、雷达、监控装置和全球定位系统协同合作，让电脑可以在没有任何人类主动操作的情况下，自动安全地操作机动车辆。它利用车载传感器感知车辆周围环境，根据感知所获得的道路、车辆位置和障碍物信息，控制车辆的转向和速度，从而使车辆能够安全、可靠地在道路上行驶。如图 3-3 所示。

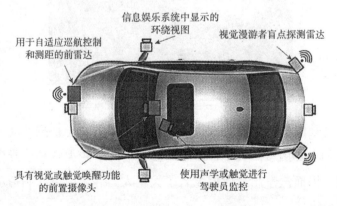

图 3-3　无人驾驶汽车传感器

无人车集自动控制、体系结构、人工智能、视觉计算等众多技术于一体，是计算机科学、模式识别和智能控制技术高度发展的产物，也是衡量一个国家科研实力和工业水平的重要标志，在国防和国民经济领域具有广阔的应用前景。从 20 世纪 70 年代开始，美国、英国、德国等发达国家开始进行无人驾驶汽车的研究，在可行性和实用性方面都取得了突破性进展。中国从 20 世纪 80 年代开始进行无人驾驶汽车的研究，国防科技大学在 1992 年成功研制出中国第一辆真正意义上的无人驾驶汽车。

目前，百度公司正承担着自动驾驶方向的国家人工智能开放平台建设任务。百度已经将视觉、听觉等识别技术应用在"百度无人驾驶汽车"系统研发中，负责该项目的是百度深度学习研究院。2014 年 7 月，百度启动"百度无人驾驶汽车"研发计划。2015 年 12 月，百度公司宣布"百度无人驾驶汽车"在国内首次实现城市、环路及高速道路混合路况下的全自动驾驶。2018 年 2 月，百度 Apollo 无人驾驶汽车亮相央视春晚。百度 Apollo 无人驾驶汽车在港珠澳大桥开跑，并在无人驾驶模式下完成了"8"字交叉跑的高难度动作，如图 3-4 所示。

图 3-4　百度 Apollo 无人驾驶汽车

无人驾驶汽车的主要特点是安全稳定，其中安全是拉动无人驾驶车需求增长的主要因素。每年，由于驾驶员们的疏忽大意都会导致许多事故的发生，因而汽车制造商们投入了大量人力、财力设计制造能确保汽车安全的系统。

一种是防抱死制动系统，它可以算作无人驾驶系统中的雏形技术。虽然防抱死制动器需要驾驶员来操作，但该系统仍可作为无人驾驶系统系列的一个代表，因为防抱死制动系统的部分功能在过去需要驾驶员手动实现，不具备防抱死系统的汽车紧急刹车时，轮胎会被锁死，导致汽车失控侧滑。驾驶没有防抱死系统的汽车时，驾驶员要反复踩踏制动踏板来防止轮胎锁死。而防抱死系统可以代替驾驶员完成这一操作，并且比手动操作效果更好。该系统可以监控轮胎情况，了解轮胎何时即将锁死，并及时做出反应，而且反应时机比驾驶员把握得更加准确。防抱死制动系统是引领汽车工业朝无人驾驶方向发展的早期技术之一。

另一种无人驾驶系统是牵引和稳定控制系统。这些系统不太引人注目，通常只有专业驾驶员才会意识到它们发挥的作用。牵引和稳定控制系统比任何驾驶员的反应都灵敏。与防抱死制动系统不同的是，这些系统非常复杂，各系统会协调工作防止车辆失控。当汽车即将失控侧滑或翻车时，稳定和牵引控制系统可以探测到险情，并及时启动以防止事故发生。这些系统不断读取汽车的行驶方向、速度以及轮胎与地面的接触状态。当探测到汽车将要失控并有可能翻车时，牵引和稳定控制系统将进行干预。这些系统与驾驶员不同，它们可以对各轮胎单独实施制动，增大或减少动力输出，相比同时对 4 个轮胎进行操作，这样做效果更好。这些系统正常运行时，可以做出准确反应。而相对来说，驾驶员经常会在紧急情况下操作失当，调整过度。

自动泊车是无人驾驶的另一个应用场景。车辆损坏的原因，多半不是因为重大交通事故，而是在泊车时发生的小磕小碰。虽然泊车可能是危险性最低的驾驶操作，但仍然有可能出现一团糟的情况。很多汽车制造商给车辆加装了后视摄像头和可以测定周围物体距离远近的传感器，甚至还有可以显示汽车四周情况的车载电脑，但有的人仍然会一路磕磕碰碰地进入停车位。现在部分高端车型采用了高级泊车导航系统，驾驶员不会再有类似的烦恼。泊车导航系统通过车身周围的传感器将车辆导向停车位（也就是说驾驶者完全不需要手动操作）。当然，该系统还无法做到像《星际迷航》里那样先进。在导航开始前，驾驶者需要找到停车地点，把汽车开到该地点旁边，并使用车载导航显示屏告诉汽车该往哪儿走。自动泊车系统是无人驾驶技术的一大成就，当然，泊车系统对停车位的长宽都有较高的要求。通过泊车导航系统，车辆可以像驾驶员那样观察周围环境，及时做出反应并安全地从起始点行驶到目标点。

第四章　人工智能技术的其他应用领域与开发环境

第一节　人工智能技术的应用领域

一、智慧城市

早在 2016 年，习近平总书记就提出了"新型智慧城市"的概念。2020 年 3 月，习近平总书记赴浙江考察时指出，通过大数据、云计算、人工智能等手段推进城市治理现代化，大城市也可以变得更"聪明"。从信息化到智能化再到智慧化，是建设智慧城市的必由之路，前景广阔。可以说，新型智慧城市建设是以习近平同志为核心的党中央立足我国城市发展实际，顺应信息化和城市发展趋势，主动适应经济发展新常态、培育新的增长点、增强发展新动能而做出的重大决策部署。近年来，全国各地坚持以人民为中心的发展思想，积极推动新型智慧城市建设，在政务服务、交通出行、医疗健康、公共安全等方面取得了显著成就和进展。

（一）智慧城市的概念

随着人类社会的不断发展，未来城市将承载越来越多的人口。目前，我国正处于城镇化加速发展的时期，为解决城市发展难题，实现城市可持续发展，建设智慧城市已成为不可逆转的历史潮流。

所谓"智慧城市"，就是运用信息和通信技术手段感测、分析、整合城市运行核心系统的各项关键信息，从而对包括民生、环保、公共安全、城市服务、工商业活动在内的各种需求做出智能响应，其实质是利用先进的信息技术，实现城市智慧式管理和运行，进而为城市中的人们创造更美好的生活，促进城市的和谐可持续成长。

建设智慧城市，也是转变城市发展方式、提升城市发展质量的客观要求。通过建设智慧城市，及时传递、整合、交流、使用城市经济、文化、公共资源、管理服务、市民生活、生态环境等各类信息，提高物与物、物与人、人与人的互联互通、全面感知和利用信息能力，能够极大地提高政府管理和服务的能力，极大地提升人民群众的物质和文化生活水平。建设智慧城市，会让城市发展更全面、更协调、更可持续，会让城市生活变得更健康、更和谐、更美好。

针对智慧城市愿景，IBM 公司的研究者认为，城市由关系到城市主要功能的不同类型的网络、基础设施和环境等 6 个核心系统组成，即组织（人）、业务、政务、交通、通信、水和能源。这些系统不是零散的，而是以一种协作的方式相互衔接。而城市本身，则是由这些系统所组成的宏观系统。

对城市居民而言，智慧城市的基本要件就是能轻松找到最快捷的上下班路线、供水供电有保障，且街道更加安全。如今的消费者正日益占据主导地位，他们希望在城市负担人口流入、实现经济增长的同时，自己对生活质量的要求也能够得到满足。

智慧城市的应用体系，包括智慧物流体系、智慧制造体系、智慧贸易体系、智慧能源应用体系、智慧公共服务、智慧社会管理体系、智慧交通体系、智慧健康保障体系、智慧安居服务体系、智慧文化服务体系等一系列建设内容。

（二）人工智能如何影响智慧城市

人工智能的发展历史已经有大约60年，经历了跌宕起伏的3个阶段。就人工智能的定义来看，它是一门融合了计算机科学、统计学、脑神经学和社会科学的前沿综合性学科，它的目标是希望计算机拥有像人一样的智力，可以替代人类实现识别、认知、分类、预测、决策等多种能力。它包含很多方面：推理能力、逻辑能力、空间能力、感知能力、记忆能力、联想能力、自然探索能力等。目前，这些能力被开发和运营的程度远远不够。从技术演进角度看，从大数据发展到人工智能是一个非常自然的迁移过程。

那么，人工智能如何影响智慧城市发展呢？落实到智慧城市应用层面来看，人工智能在城市领域可以找到非常丰富的应用场景，能够覆盖并服务更大的用户群体，不仅包括消费互联网用户，也包括工业互联网用户。应用难点在于城市的复杂性，即各种新经济现象与模式的频繁涌现及变化。笔者比较主张用产业链的思维和方式去构建人工智能城市的顶层架构，自底向上生成智慧城市，而不是采用没有重点的、面面俱到的方式。那么，首先要完成的工作是梳理清楚产业链上下游的真正衔接关系是什么、产业的知识图谱是什么。人工智能城市产业链的3个层次包括基础层、核心技术层及垂直领域应用层。根据我们的调研结果分析，目前，人工智能与智慧城市各个领域的融合发展都非常快。按照行业发展现状，我们将"AI +"城市划分为20个垂直领域。这20个垂直领域的产业链是相对独立的，当然也有部分交叉，有相互关联。每个领域都有自身发展多年的规律和特点，以及优势，建议不要轻易打破边界，可以慢慢跨界融合。要结合成熟领域的专业经验去做，然后分析真正能够采用"AI +"提升的关键点在哪里,场景在哪里,还有多少可以提升的空间(差距分析),这些是我们真正要做的。

(三)智慧城市与数字城市

智慧城市经常与数字城市、感知城市、无线城市、智能城市、生态城市、低碳城市等区域发展概念相交叉,甚至与电子政务、智能交通、智能电网等行业信息化概念重叠。一些城市信息化建设的先行城市认为,智慧不仅仅是智能,不仅仅是物联网、云计算等新一代信息技术的应用,智慧城市还包括人的智慧参与、以人为本、可持续发展等内涵。

数字城市是数字地球的重要组成部分,是传统城市的数字化形态。数字城市是应用计算机、互联网、多媒体等技术将城市地理信息和城市其他信息相结合,数字化并存储于计算机网络上所形成的城市虚拟空间。数字城市建设通过空间数据基础设施的标准化、各类城市信息的数字化整合多方资源,从技术和体制两方面为实现数据共享与互操作提供基础,实现了城市一体化集成和各行业、各领域信息化的深入应用。数字城市的发展积累了大量的基础和运行数据,也面临诸多挑战,包括城市级海量信息的采集、分析、存储、利用等处理问题,多系统融合中的各种复杂问题以及技术发展带来的城市发展异化问题。

对比数字城市和智慧城市,可以发现以下6个方面的差异:

第一,数字城市通过城市地理空间信息与城市各方面信息的数字化在虚拟空间再现传统城市;智慧城市则注重在此基础上进一步利用传感技术、智能技术实现对城市运行状态的自动、实时、全面透彻的感知。

第二,数字城市通过城市各行业的信息化,提高了各行业的管理效率和服务质量;智慧城市则更强调从行业分割、相对封闭的信息化架构迈向作为复杂巨系统的开放、整合、协同的城市信息化架构,发挥城市信息化的整体效能。

第三,数字城市基于互联网形成初步的业务协同;智慧城市则更注重通过网络、移动技术实现无所不在的互联和随时随地随身的智能融合服务。

第四，数字城市关注数据资源的生产、积累和应用；智慧城市更关注用户视角的服务设计和提供。

第五，数字城市更注重利用信息技术实现城市各领域的信息化，以提升社会生产效率；智慧城市则更强调人的主体地位，更强调开放创新空间的塑造及其间的市民参与、用户体验与以人为本实现可持续创新。

第六，数字城市致力于通过信息化手段实现城市运行与发展各方面功能，提高城市运行效率，服务城市管理和发展；智慧城市则更强调通过政府、市场、社会各方力量的参与和协同实现城市公共价值塑造和独特价值创造。

（四）智慧城市与智能城市

智能城市是科技创新和城市发展的深度融合，通过科技和前瞻性的城市发展理念赋能城市，以生态融合升级的方式推动城市智能化进程，实现普惠便捷的民众生活、高效精准的城市治理、高质量发展的产业经济、绿色宜居的资源环境和智能可靠的基础设施，是支撑城市服务的结构性改革，满足城市美好生活需要的城市发展新理念、新模式和新形态。智能城市是在城市数字化和网络化发展基础上的智能升级，是城市由局部智慧走向全面智慧的必经阶段，是当前智慧城市发展的重点阶段。智能城市通过智能技术赋能城市发展，实现惠民服务、城市治理、宜居环境和基础设施的智能水平提升。同时，智能城市建设最重要的内容是推进产业经济的智能化，一方面包括智能技术和传统产业融合，以推进传统产业变革，实现转型提升；另一方面要通过科技成果转化和示范性应用，加速推进智能产业突破发展。

未来智能城市在信息技术支持下，将分割的城市功能融合，将产业经济、惠民服务、政府治理、资源环境和基础支撑五大体系关联起来，使城市从"条块分割"状态逐渐进化为"有机生命体"。伴随着智能城市的发展，智能技术逐渐实现物理城市空间、虚拟城市空间和社会空间的深度融合，三者互动协同，使城市逐渐具备越来越强的推演预测和自动决策的能力，能够预测并干预未来可能出现的问题，持续升级进化。所以智能城市是智慧城市发展的重点阶段。

有人把智慧城市简单解释为智能城市或者数字城市，其实不尽准确。智慧城市要实现智慧技术的高度集成、智慧产业的高端发展、以人为本的高度创新、市民智慧高效的生活状态。然而，不管城市怎么"智能化"，智慧城市的工作难点最终还会落在农业上，城市居民的吃、喝、用，绝大多数产品或者说原材料都来自农业，而中国的农业自动化和智能化程度较低，实现智慧城市的关键在于智慧农业的普及应用。

智慧农业就是充分应用现代信息技术成果，集成应用计算机与网络技术、物联网技术、音视频技术、传感器技术、无线通信技术及专家智慧与知识平台，实现农业可视化远程诊断、远程控制、灾变预警等智能管理、远程诊断交流、远程咨询、远程会诊，逐步建立农业信息服务的可视化传播与应用模式。实现对农业生产环境的远程精准监测和控制，提高农业建设管理水平，依靠存储在知识库中的农业专家的知识，运用推理、分析等机制，指导农牧业进行生产和流通作业。

可见，智慧农业的核心技术和目标与智慧城市不谋而合，智慧城市的实现需要智慧农业的普及，智慧农业的成功应用是智慧城市的有力支撑。

（五）人工智能在智慧城市的其他应用

1.智慧安防

安全和秩序，是人类的基本需求。随着人脸识别、视频结构化、行为分析、智能交通等系统的应用，城市秩序得到了更加高效的管理和防护，民生需求得到了更及时的处理，违法乱纪的行为能被精准识别和处罚。杭州多次被评为国内最安全的城市之一，是平安城市建设的样板城市。中央电台《大国重器》中展示的用宇视科技人脸识别系统 20 分钟找到走失老人的事件就是一个典型的案例。

2. 智慧经济

消费和金融是与我们息息相关的经济领域。**AI + 消费**方面，人工智能下的大数据挖掘变得更加精准，实时的消费情报分析帮助企业瞄准特定的客户群体，制定定制化的营销模式，各种共享经济、定向团购、定向服务等新兴行业迅速崛起。**AI + 金融**正在帮助经济学家、金融分析师们从金融大数据中及时提取有效的数据情报分析，进行多维的风控评估，大幅提升投资效率，同时替换重复性高的人工操作岗位。同时，人工智能也改变了个人的金融安全模式，人脸、语音、手势等多重身份验证已逐步普及。

3. 智慧社区

社区是居民生活的基本单元，在社区中人工智能主要作用在 3 个维度上：社区、居住、安全。社区有整体的大数据，包括能耗、社交、消费、投资等，可以进行数据挖掘；居住上，基于物联网的智能家居可以大幅提升社区居民的生活便利度和舒适度；安全上，基于语音和视频的智能楼宇和家庭监控系统，可以有效地提升居住安全等级。

4. 智慧物流

如今，无人机、智能拣货机器人、智能调度中心已成为电商巨头们争相进入的重点战略领域。无人机大幅提升了运货效率，解决了不少山地、农村地区的最后几公里的物流问题；智能拣货机器人的运用使货物的分拣、派发实现了几十倍的效率提升；智能调度中心是物流的中心大脑，在人工智能的辅助下，能大幅降低运输成本，提升整体效率，降低人为失误率。

二、智慧交通

智慧交通与人们的生活息息相关，建设智慧城市的前提就是要先建设好智慧交通。交通运输被认为是城市发展的"血管"，在高速发展的现代化城市建设中，智慧交通的打造对于提升"血流"至关重要。智慧交通融合智能化、数据化、信息化发展的理念，进一步推动了城市化可持续发展进程，提升了城市综合竞争实力。

在我国，智慧交通得到了国家和各级政府的大力支持和推动。智慧交通以需求为核心，催生应用服务，针对复杂随机需求动态生成服务、动态匹配服务、动态衍生新服务，实现交通信息精确供给，互联网将同交通行业深度渗透融合，促使相关环节产生深刻变革，并将成为建设智慧交通的重要思路。立足于大数据思维，将城市交通数据有条件地开放，基于开放的数据进行数据融合、深度挖掘，为交通出行者和管理者提供更为智能和便利的交通信息服务。立足于用户思维，运用互联网交互体验，开展公众需求调查，了解公众最迫切希望解决的问题，在任何时间、任何地点随时随地提供个性化、多样化的信息服务。

（一）智能轨道交通

世界上一些大城市经过几十年甚至上百年的建设，已形成了城市轨道交通网，城市轨道交通成为市民出行的主要公共交通工具。近十余年来，我国城市轨道交通发展速度明显加快，特别是北京、上海、广州等城市，正在加速新线建设并逐步形成城市轨道交通网络，这有利于缓解城市的公共交通困难状况。

随着科学技术的发展以及自动化程度的提高，世界上城市轨道交通系统的运行模式也在发生变化。近几十年中，其发展大致经历了3个阶段：

一是人工驾驶模式阶段。列车的驾驶员根据运行图在独立的信号系统中驾驶列车运行，并得到 ATP（Automatic Train Protection，列车自动保护系统）的超速监控与保护。

二是人工驾驶的自动化运行模式阶段。列车设驾驶员，其主要操作任务是为乘客上下车开、关车门，给出列车起动的控制信号。而列车的加速、惰行、制动以及停站，均通过 ATC（Automatic Train Control，列车自动控制）信号系统与车辆控制系统的接口，经协调配合自动完成。

三是全自动无人驾驶模式阶段。列车的唤醒、起动、行驶、停站、开、关车门、故障降级运行，以及列车出入停车场、洗车和休眠等都不需要驾驶员操作，完全自动完成。

（二）道路识别

实现智慧交通，首先要能够识别道路，即对道路的状况进行识别。可以说，道路识别是实现智慧交通的基础。道路识别依靠道路监控获取当前道路图像，传输至处理端，将图像灰度化，并进行特征抽取，将图像分为许多小区域，利用分界函数识别车辆。通过算法判断车辆的速度、车流密度，可以得到当前交通状况，并分析出未来短时间内交通状况的可能情况，结合导航可以有效疏通道路避免拥堵，减少交通事故的发生概率。根据交通信息，还可以调整红绿灯秒数，加快拥堵道路的流通速度，预防交通拥堵，提高交通效率。

（三）交通信号灯

传统的红绿灯是在红绿灯上加一个倒计时控制器，可以满足安全行车的要求。但是随着交通日益发达，车流量快速增长，这种交通信号灯难以发挥最大效率，而智能交通信号灯可以利用其优点解决这些问题。在对道路识别的基础上对来自不同方向的车流量进行比较，智能调整红绿灯秒数实现交通效率最大化，就是实现智能交通红绿灯的核心思想。在不同时段，不同路段交通通行量截然不同，通过交通识别系统测算当前道路车流量，与周围几个交通路段进行对比分析，得出当前最佳红绿灯秒数，使车辆多的道路快速通过，可以有效提高交通效率，解决交通拥堵等问题。

（四）智能导航和无人驾驶

无人驾驶是目前一个比较火的话题，其基础是智能导航。智能导航可以为车辆提供最优路线，避开拥堵路段，提高通行速度。将道路识别运用于车辆上，可实现无人驾驶，大大提高人们的出行效率，提高交通通行效率。通过道路识别分析制成智能地图，从而进行智能导航，可以为司机提供当前最佳行驶方案和当前最佳行驶状况，比如，当汽车认为降低速度效率更高时，司机脚下的油门踏板会发出信号；当汽车驶向红灯时，控制屏幕会告诉司机何时踩刹车。结合无人驾驶，便可使车辆全自动选择路线，大大减少了人们驾驶车辆所费的精力和时间。无人驾驶汽车还能够减少疲劳驾驶的频率，具有快速的反应能力，能够有效避开绝大多数意外情况，提高交通安全与效率。

（五）智能交通机器人

智能交通机器人是指运用于道路路口交通指挥的智能机器人，它运用人工智能技术实时监控交通路口的交通状况，获取路口的交通信息，然后根据算法与辅助决策进行道路交通指挥。它可以与路口交通信号灯系统实施对接联网匹配，通过对周围交通情况的分析控制信号灯。机器人可以通过手臂指挥、灯光提示、语音警示、安全宣传等功能，有效提醒行人遵守交通法规，增强行人交通安全意识，减少交通警察的工作量。此外，机器人还可以通过图像识别技术监测行人、机动车的交通违法行为，并让行人和机动车司机及时意识到自己的交通违法行为，增强其交通安全意识。

（六）智能交通监控

智能交通监控系统能通过智能计算机以互联网为媒介链接道路上的摄像头，并通过图像检测和图像识别技术分析各区域内道路交通情况，使得交通管理人员能够直接掌握道路车流量、道路堵塞以及道路交通信号灯等状况，并对信号灯配时进行智能化调整，或者通过其他方式疏导交通，从而实现智能化的交通管理与调节，最终达到缓解交通堵塞的目的。此外，智能交通监控系统还应用于停车场、高速路口收费站、路口车辆抓拍等较为简单的监控设施。随着人工智能技术的完善，智能监控系统可以更好地配合交通管理，最终达到智慧交通的效果。

（七）智能出行

智能出行是当下较热门的民生话题，如何最舒适、最便利、最高效地达到出行目的是每个人的期望。近年来，随着移动地图数据实时性与精确性的大大提高，智能化的地图也逐渐走进了人们的视野，给人们的出行体验带来了翻天覆地的变化。例如，各类地图服务产品提供智能路线规划、智能导航（驾车、步行、骑行）、出行信息提示以及实时路况显示等服务，极大地方便了人们的出行。

此外，一些地图服务平台也开始积极地向公共服务领域渗透，与城市的交通部门和公共交通运营商合作获取公共交通数据（道路车流量、实时公交等），通过大数据分析，在地图上显示道路交通状况，给用户提供更加完善的道路信息，并提供更加合理的出行决策；同时也可以为城市公共交通运力的投放提供技术支持，从而助力缓解城市的交通压力。

人工智能算法可以根据城市民众的出行偏好、生活方式和消费习惯等，分析城市人流量、车流迁移、城市建设和公众资源等数据；并基于这些大数据的分析结果，为政府决策部门规划城市建设提供支持，为公共交通设施建设提供指导。

三、智能家居

智能家居是以住宅为平台，通过物联网技术将家中的各种设备连接到一起，实现智能化的一种生态系统。它具有智能灯光控制、智能电器控制、安防监控系统、智能背景音乐、智能视频共享、可视对讲系统和家庭影院系统等功能。

智能家居的概念出现得很早，但直到 1984 年美国联合科技公司将建筑设备信息化、整合化概念应用于美国康涅狄格州哈特佛市的城市广场建筑时，才出现了首栋"智能型建筑"，从此揭开了人们争相建造智能家居的序幕。

智能家居利用综合布线技术、网络通信技术、安全防范技术、自动控制技术、音视频技术将与家居生活有关的设施集成，构建高效的住宅设施与家庭日程事务的管理系统，提升家居安全性、便利性、舒适性、艺术性，并实现环保节能的居住环境。

智能家居是在互联网影响之下物联化的体现。智能家居通过物联网技术将家中的各种设备（如音视频设备、照明系统、窗帘控制、空调控制、安防系统、数字影院系统、影音服务器、影柜系统、网络家电等）连接到一起，提供家电控制、照明控制、电话远程控制、室内外遥控、防盗报警、环境监测、暖通控制、红外转发以及可编程定时控制等多种功能和手段。与普通家居相比，智能家居不仅具有传统的居住功能，还兼备建筑、网络通信、信息家电设备自动化，提供全方位的信息交互功能，甚至为各种能源节约费用。

（一）家庭自动化

家庭自动化（Home Automation）是指利用微处理电子技术来集成或控制家中的电子电器产品或系统。例如，照明灯、咖啡炉、计算机设备、保安系统、暖气及冷气系统、视讯及音响系统等。家庭自动化系统主要是以一个中央微处理机（CPU）接收来自相关电子电器产品（外界环境因素的变化，如太阳初升或西落等所造成的光线变化等）的信息后，再以既定的程序发送适当的信息给其他电子电器产品。中央微处理机必须通过许多界面控制家中的电器产品，这些界面可以是键盘，也可以是触摸式屏幕、按钮、计算机、电话机、遥控器等。消费者可发送信号至中央微处理机，或接收来自中央微处理机的信号。家庭自动化系统是智能家居的一个重要系统，在智能家居刚出现时，家庭自动化甚至就等同于智能家居，今天它仍是智能家居的核心之一。但随着网络技术在智能家居中的普遍应用，以及网络家电、信息家电的日渐成熟，家庭自动化的许多产品功能将融入这些新产品中，从而使单纯的家庭自动化产品在系统设计中越来越少，其核心地位也将被家庭网络、家庭信息系统所替代。它将作为家庭网络中的控制网络部分在智能家居中发挥作用。

（二）家庭网络

家庭网络（Home Networking）和纯粹的"家庭局域网"不同，家庭网络是在家庭范围内（可扩展至邻居、小区）将PC、家电、安全系统、照明系统和广域网相连接的一种新技术。当前，家庭网络所采用的连接技术包括"有线"和"无线"两大类。

与传统的办公网络相比，家庭网络加入了很多家庭应用产品和系统，如家电设备、照明系统，因此，相应的技术标准也错综复杂，其发展趋势是将智能家居中其他系统融合进去。

（三）网络家电

网络家电是对普通家用电器利用数字技术、网络技术及智能控制技术进行设计改进而成的新型家电产品。网络家电可以实现互联组成一个家庭内部网络，同时这个家庭网络又可以与外部网络相连接。可见，网络家电技术包括2个层面：第1个层面就是家电之间的互联问题，也就是使不同家电之间能够互相识别，协同工作；第 2 个层面是解决家电网络与外部网络的通信，使家庭中的家电网络真正成为外部网络的延伸。

要实现家电间的互联和信息交换，就需要解决以下 2 个问题：

一是描述家电的工作特性的产品模型，使得数据的交换具有特定含义。

二是信息传输的网络媒介。在解决网络媒介这一难点中，可选择的方案有：电力线、无线射频、双绞线、同轴电缆、红外线、光纤。比较可行的网络家电包括网络冰箱、网络空调、网络洗衣机、网络热水器、网络微波炉、网络炊具等。网络家电未来的方向也是充分融合到家庭网络中去。

（四）人工智能在智能家居的其他应用

1. 家庭安防中心

家庭盗窃一直是人们最为担心的事故，除了银行，人们的大部分财产都是存放在家里，自己与家人的人身安全也是寄托在家庭空间中。随着人们生活水平的提高，人们开始提升家庭的安防系统，购买安装家庭安防设备，如摄像头、红外探测器、温度检测仪、烟雾探测器等。这些监视器逐步接入物联网，房屋的主人就可以通过监控 App，在任何时间任何地点了解家里的安全动态。

2. 家庭医疗中心

家庭医疗中心主要是针对老人与小孩，在家里就能实施就诊与日常护理。随着电子技术的发展，电子血压计、电子体温计、血糖测试仪、卧床大小便护理仪等电子家用医疗器械相继上市，为人们的家庭医疗带来了便利。Chainway 就是以物联网、云计算、数据识别与分析为基础的一套移动式医护系统，它融合了智能护士 PAD、移动护理软件、移动医生软件等技术。家庭医护系统将用户的健康状况详细地记录下来，通过互联网与附近的医院相连接，在就诊时，医生通过相应的 App 软件管理系统就可以很快地查询到患者各方面的信息，不仅提升了医院的就诊效率，也保障了患者的生命安全。

3. 家庭数据中心

手机、电脑、电视等设备占据了人们过半的家庭数字生活，人们为了方便，将大量的数据保存在这些设备上，如照片、视频、通讯录、播放记录等。然而，这些设备并不能起到很好的存储作用，如硬盘一旦坏掉，数据就会丢失。家庭数据中心以一个网络储存设备为平台，加之计算机技术的辅助，能够有效处理并保存家用信息。当前市场上有公司推出家庭数据中心型路由器，以它为"云端"中心，连接电视、电脑等多个设备，通过物联网，使电影、游戏、音乐等海量信息都可以存储到服务器上，用户可以通过软件随时进行查看、下载等。

NAS[1] 品牌商就以家庭数据中心管理为方向出品了一套数据管理器，它容量够大，与手机相连接，用户不必担心手机内存不够的问题，NAS出厂的产品的数据存储设备配有齐全的移动 App 软件，并且能够对音乐、电影、文件等进行分类整理，联通网络之后就能够进行存储与读取。目前，出品了群晖 DS216j 家用 NAS、西部数据 My Cloud4TB 网络存储、威联通 QNAP TAS-268play NAS 等电子产品，在市场上广受欢迎。

4. 家庭娱乐中心

智能家居的一个特点是可以让人们享受到丰富的智能娱乐服务，例如，运用物联网将灯光、电视、音响等设备相结合，智能语音提醒系统和智能语音控制系统为主人提供常用家庭信息，如出门前的天气预报、随身携带物的提醒，真正体现了智能家居的人性化服务。

小米公司近期发布了最新动态，准备上市第四代小米盒子，它最迷

---

① 　NAS（Network Attached Storage，网络附属存储）按字面意思就是连接在网络上，具备资料存储功能的装置，因此也称为"网络存储器"。它是一种专用数据存储服务器。它以数据为中心，将存储设备与服务器彻底分离，集中管理数据，从而释放带宽、提高性能、降低总拥有成本、保护投资。其成本远远低于使用服务器存储，而效率却远远高于后者。

人的地方就是拥有强大的语音智能搜索功能。第四代小米盒子内置了 PathWall 人工智能语音助手，将家庭电器与小米盒子通过物联网相连接，用户借助手机 App 软件就可以对盒子实行语音命令，从而控制家用电器，如打开空调、关闭台灯、智能煮饭等。

5. 智能家居的设计理念

衡量一个住宅小区的智能化系统是否成功，并非仅仅取决于智能化系统的多少、系统的先进性或集成度高低，而是取决于系统的设计和配置是否经济合理并且系统能否成功运行，系统的使用、管理和维护是否方便，系统或产品的技术是否成熟适用。换句话说，就是如何以最少的投入、最简便的实现途径来换取最大的功效，实现便捷、高质量的生活。为了实现上述目标，智能家居系统的设计原则包括使用便利性、可靠性、标准性、方便性、轻巧性。

随着智能家居的迅猛发展，越来越多的家居开始引进智能化系统和设备。智能化系统涵盖的内容也从单纯的方式向多种方式相结合的方向发展。

（五）我国智能家居发展的优势与趋势

1. 智能家居的发展优势

（1）人们对智能家居的需求增加。因为工作关系，很多子女与父母异地生活，难以妥善地照顾好父母的生活，而智能家居可以方便老年人的日常生活，提高老年人的生活质量。加上多年财富的积累，老年人的经济实力比年轻人要高。随着老龄化进程的加快，老年人的人口比例将加重，以上多重原因结合起来支撑起了智能家居未来潜在的市场需求。

（2）智能家居走入人们生活。前些年"智能家居"概念的炒作，在各大新闻客户端、网站的转载宣传，让越来越多的人认识并了解了智能家居的相关概念。近些年，在各大浏览器上对"智能家居"关键词的搜索数量大幅度增长，随着科学技术的发展，人们对智能家居产品的信赖感也在增强。如今，人们购买家具、装修房屋也会考虑适当引进智能家居的相关元素，智能家居开始进入人们的日常生活中。

（3）人民生活消费成本降低。随着经济的不断发展，人们的收入也在逐年上涨。2020年，在新冠肺炎疫情的冲击下，我党仍然将全面建成小康社会作为重要任务与目标。全面建成小康社会之时，人们的收入水平将会大幅增长，相比2010年翻一番。经济增长的同时，科技也在飞速发展，技术水平的不断完善降低了智能家居产品的成本，同时，电信运营商的网络费用也在下调，日常的运营维护成本也在下降，由此消费者的消费成本将会大幅下降，市场需求将会激增，市场规模将会扩大。

（4）政府大力支持人工智能的发展。智能家居产业发展被写入政府工作报告，政府相继出台了《"互联网＋"人工智能三年行动实施方案》《智能制造工程实施指南（2016—2020年）》《促进新一代人工智能产业发展三年行动计划（2018—2020年）》等指导性文件，促进智能家居、智能机器人、智能制造装备等领域产业发展；并成立中国人工智能产业创新联盟和人工智能产业技术创新战略联盟，把涉及人工智能领域的所有环节全面整合，以扫除人工智能发展的一切障碍。

2.智能家居发展趋势

（1）智能家居将建立统一标准。若智能家居行业依旧遵循现在的发展方式，企业各行其道，系统间互不兼容，消费者将会对该行业产生疲倦，未来市场规模可能难以扩大。除非出现一家领导性标杆企业，拥有自己的系统，能够生产出所有类别的智能家居产品，并使用户对该企业提供的方方面面都很满意，进而垄断整个智能家居市场。很显然，出现这种情况的概率很小，没有一家企业可以做到，所以市场迫使企业间建立起统一的标准，为用户提供便捷舒适的生活体验。

（2）人工智能与智能家居结合。人工智能在智能家居领域的广泛应用已是大势所趋，只有智能家居与人工智能完美结合才会让人们的生活更加便捷。未来智能家居将会更加智能化、人性化，能够准确抓住用户的喜好提供相应的服务，根据用户的工作安排相应的行程。一整套智能家居系统犹如一个智能管家，在最优的时间提供最优的服务。

（3）个人信息得到有效保护。个人信息的安全是制约智能家居市场规模扩大的又一要素，因此，行业内有必要建立起一套世界领先的信息安全标准，并且该标准要能够和各地的法律法规衔接好，同时要求把收集到的数据安全地储存好，记录好数据的产生时间、地点等情况，以便在需要的时候查证。

四、智慧医疗

（一）智慧医疗的概念

智慧医疗（Wise Information Technology of 120，WIT120），是指通过打造健康档案区域医疗信息平台，利用最先进的物联网技术，实现患者与医务人员、医疗机构、医疗设备之间的互动，逐步达到信息化。

目前，人工智能技术已经逐渐应用于药物研发、医学影像、辅助治疗、健康管理、基因检测、智慧医院等领域。其中，药物研发的市场份额最大，利用人工智能技术可大幅缩短药物研发周期，降低成本。在不久的将来，医疗行业将融入更多人工智慧、传感技术等高科技，使医疗服务走向真正意义的智能化，推动医疗事业的繁荣发展，使智慧医疗走进寻常百姓的生活。

1.广义的智慧医疗概念

一般来说，智慧医疗是指扩展了的医疗健康理念，以人的健康状况为核心，以人的健康生活为目标，在技术产品创新、商业模式创新和制度、机制创新的带动下，在激发和整合社会医疗健康服务资源的基础上，提供便捷化、个性化、经济化和可持续的医疗健康服务。

2.狭义的智慧医疗概念

狭义的智慧医疗就是指顶层设计下的区域性医疗信息平台，它以互联网为载体，以移动通信、云计算和大数据等新技术为手段，在物联网框架下，实现医生与患者、患者与医疗机构、患者与医疗设备间的信息联通，构建起人与人、物与物、人与物之间的实时诊疗信息互联互通，即将物联网、人工智能等先进技术融入医疗领域，为人们提供智能化的医疗健康服务。

（二）智慧医疗应用系统

通过合作开发、应用优化和系统集成，医学人工智能已在上海市徐汇区中心医院得到实际应用，对提高医院的日常医疗服务质量及效率起到了很好的助推作用，同时也为智慧医疗建设积累了一定的工作经验。

1. 人工智能辅助诊断系统

经过众多专家学者的不懈努力，多专科人工智能辅助诊断系统得以建立。该系统采用贝氏网络逻辑、超阶抽象搜索、自然语言处理、深度强化学习和多专科医学知识图谱技术，可精确诊断 10 个专科（包括心血管内科、内分泌科、呼吸内科、消化内科、神经内科、肾内科、肿瘤科、普外科、妇科、感染科）的 4000 余种病种，并具有智能预诊、自动分诊、全科诊断、自动医嘱和慢性病管理等医疗辅助功能。基于此智能辅助诊断系统，上海市徐汇区中心医院的互联网云医院服务平台和上海徐汇云医院服务平台得以有效运行，同时，医院内也开设了"人工智能 + 医生"便民门诊，日均接诊患者 200 ~ 250 人次。

2. 慢性病辅助决策管理系统

基于慢性病大数据和人工智能自然语言处理技术，专家们开发出了慢性病辅助决策管理系统，并实现了如下场景的智能辅助应用：第一，门诊场景。通过院内信息系统与医院信息平台的对接、集成并融入基于国家相关诊疗指南的诊疗决策支持系统，开发出人工智能虚拟门诊助手，提供门诊助手弹窗和基于国家相关诊疗指南的"慢性病病情演进一览表"等服务。第二，随访场景。通过院内信息系统与公共卫生和综合管理信息平台的对接、集成并融入基于国家相关诊疗指南的诊疗决策支持系统，开发出人工智能虚拟随访助手。第三，慢性病管理协同场景。将社区卫生服务中心的临床病区视作二、三级医院的慢性病虚拟病房，通过远程协同查房平台，在虚拟医生助手的辅助下，实现二、三级医院医生与社区全科医生的协同查房，并由上级医院的专科医生对全科医生进行临床和患者群体管理的指导。第四，居家场景。开发出虚拟身边护士，智能化、个体化地指导患者自测血压、血糖水平等，提高慢性病患者的自我管理能力。

3. 智能影像识别系统

智能影像识别是医学人工智能应用的一个极其重要的方面，技术难度也较大，涉及以下业务维度：疾病维度，如炎症、癌症、发育状况等；器官维度，如肺、脑、心脏等；设备维度，如 CT、磁共振成像、正电子发射型计算机断层显像、数字化 X 射线摄影、可穿戴设备、超声等；工作流维度，如检查、诊断、治疗等。总业务维度量级达 100 万以上。智能影像识别系统应用人工智能的深度学习技术，利用大量的影像学及其诊断数据，借助神经元网络进行深度学习和训练，掌握了影像学"诊断"能力，并具有图像分割、目标检测、图像分类、图像配准、图像映射等多种功能。

（三）智慧医疗的应用

1. 智能诊断

应用人工智能中的图像识别和深度学习技术，通过计算机快速、精准识别医学影像中的病灶，并对病灶的相关属性进行测量、计算，对病灶做出定性、定量的判断。

2. 智能诊疗

快速识别病灶形态和属性，并在海量的历史数据中筛选出与当前病灶相似度极高的历史病例，列示出这些历史病例的诊疗方案，为医生制定当前病例的优选治疗方案提供参考。

3.智能影像学随访

应用人工智能技术，自动关联患者的历史影像学数据，并对同一部位的影像进行配准分析，快速计算出病灶形态、属性值的变化情况，有效提高随访效率和判断的准确性。

4.辅助诊疗系统

智能预诊：语音、手写和自然语言交互问诊。

自动分级：急、慢性病分治，分科、分级诊治，自动转诊。

自动医嘱：给出最佳检验、检查及处方建议。

多科诊断：给出跨多专科的诊疗建议和精准诊断。

临床决策：提供精准临床决策支持。

电子病历：自动产生结构化的电子病历。

5.智慧重症监护病房

自动收集危重症患者的生命体征信息，评估其脏器功能，并以数字化、可视化方式呈现，具有智能化预测和精准临床决策支持功能。

（四）智慧医疗的新发展

科学家发现，如今虽然世界人口寿命变长，但人们的身体素质却下降了。大数据智慧医疗可以为人们增加医疗保健的机会，提升生活质量，减少身体素质差造成的时间和生产力损失。智慧医疗能够提供更高效的医疗保健，尽可能地帮助人们跟踪并改善身体健康情况。

1.解读基因密码

谷歌联合创始人谢尔盖·布林（Sergey Brin）的妻子安妮·沃西基（Anne Wojcicki）在2006年创办了A测试和数据分析公司23andMe。除了收集和分析个人健康信息外，公司还将大数据应用到了个人遗传学上，至今已分析了数十万人的唾液。

通过分析人们的基因组数据，公司确认了个体的遗传性疾病，如帕金森病和肥胖症等的遗传倾向。通过收集和分析大量的人体遗传信息数据，该公司不仅希望可以识别个人遗传风险因素以帮助人们增强体质，而且希望能识别人类更普遍的特征趋势。通过分析，公司已确定了约 180 个新的特征，如所谓的"见光喷嚏反射"，即人们从阴暗处移动到阳光明媚的地方时会有打喷嚏的倾向；还有一个特征则与人们对药草、香菜的喜恶有关。

事实上，利用基因组数据为医疗保健提供更好的支持是合情合理的。人类基因计划组（HGP）绘制出了总数约有 23000 组的基因组，而这所有的基因组也最终构成了人类的 DNA。这一项目费时 13 年，耗资 38 亿美元。

2.智能穿戴设备

Fitbit 是美国的一家移动电子医疗公司，致力于研发和推广健康乐活产品，从而帮助人们改变生活方式，其目标是使保持健康变得有趣。2015 年 6 月 19 日，Fitbit 上市，成为纽约证券交易所可穿戴设备的第一股。该公司所售的一款设备可以跟踪人体一天的身体活动，以及晚间的睡眠模式。Fitbit 公司还提供一款免费的苹果手机应用程序，可以让用户记录他们的食物和液体摄入量。通过对活动水平和营养摄入的跟踪，用户可以确定哪些行为有效、哪些行为无效。营养学家认为，准确记录食物和活动量是控制体重最重要的一环，因为数字明确且具有说服力。Fitbit 公司正在收集关于人们身体状况、个人习惯的大量信息。如此一来，它就能将图表呈现给用户，从而帮助用户直观地了解自己的营养状况和活动水平，而且，它还能就可改善的方面提出建议。

耐克公司推出了类似的产品，即 Nike + FuelBand，一条可以戴在手腕上收集每日活动数据的手环。这一设备采用了内置加速传感器来检测和跟踪人体每日的活动，诸如跑步、散步以及其他体育运动。加上 Nike Plus 网站和手机应用程序的辅助，这一设备令用户可以更加方便地跟踪自己的活动行为、设定目标并改变习惯。耐克公司也为其知名的游戏系统提供训练计划，使用户在家也能使用这一款软件健身，用户可以和朋友或其他人在健身区一起训练。这一想法旨在让健身活动更有乐趣、更加轻松，同时也更社交化。

类似 Fitbit 和 Nike + FuelBand 这样的设备对不断推高的医疗保健和个人健康成本确实有影响。回溯过去，检测身体健康发展情况需要用到特殊的设备，或是不辞辛苦、花费高额就诊费去医生办公室问诊。新型应用程序最引人瞩目的一面是它们使得健康信息的检测变得更简单易行。低成本的个人健康检测程序以及相关技术甚至"唤醒"了全民对个人健康的关注。

3. 智能医疗信息档案

就算有了可穿戴设备与应用程序，人们依然需要去看医生。大量的医疗信息收集工作依然靠纸笔完成。纸笔记录的优势在于方便、快捷、成本低廉。但是，纸笔做的记录会分散在多处，这就导致医疗工作者难以快速、准确地找到患者的关键医疗信息。

2009 年美国颁布的《卫生信息技术促进经济和临床健康法案》（以下简称《法案》）旨在促进医疗信息技术的应用，尤其是电子健康档案的推广。《法案》也在 2015 年给予医疗工作者经济上的激励，鼓励他们采用电子健康档案，同时会对不采用者施以处罚。电子病历是纸质记录的电子档，如今许多医生都在使用。相比之下，电子健康档案意图打造患者健康概况的普通档案，这使得它能被医疗工作者轻易接触到。医生还可以使用一些新的 App 应用程序，在平板电脑、手机上搭载安卓系统的设备或网页浏览器上收集患者的信息。除了可以收集过去用纸笔记录的信息外，医生们还将通过这些程序实现从语言转换到文本的听写、收集图像和视频等其他功能。

电子健康档案、DNA 测试和新的成像技术在不断产生大量数据。收集和存储这些数据对于医疗工作者而言是一项挑战，也是一个机遇。不同于以往采用的封闭式的医院 IT 系统，更新、更开放的系统与数字化的患者信息相结合可以带来医疗上的突破。

如此种种也会给人们带来别样的见解。比如，智能系统可以提醒医生使用与自己通常推荐的治疗方式相关的其他治疗方式和程序。这种系统也可以告知那些忙碌无暇的医生某一领域的最新研究成果。这些系统收集、存储的数据量大得惊人。越来越多的患者数据会采用数字化形式存储，不仅包括填写在健康问卷上或医生记录在表格里的数据，还包括手机和平板电脑等设备，以及新的医疗成像系统（如 X 光机和超音设备）生成的数字图像。

这意味着未来将会出现更好、更有效的患者看护，更为普及的自我监控以及防护性养生保健，当然也意味着要处理更多的数据，其中的挑战在于要确保所收集的数据能够为医疗工作者以及个人提供帮助。

4. 智能医疗信息平台

由于国内公共医疗管理系统的不完善，医疗成本高、渠道少、覆盖面窄等问题困扰着大众。所以亟须建立一套智慧的医疗信息网络平台体系，使患者用较短的等待治疗时间和基本的医疗费用，就可以享受安全、便利、优质的诊疗服务，从根本上解决"看病难，看病贵"等问题，真正做到"人人健康，健康人人"。

通过无线网络，使用掌上电脑（PAD）就可便捷地联通各种诊疗仪器，这使医务人员能够随时掌握每个患者的病案信息和最新诊疗报告，随时随地快速制定诊疗方案；在医院任何一个地方，医护人员都可以登录距自己最近的系统查询医学影像资料和医嘱；患者的转诊信息及病历可以在任意一家医院通过医疗联网方式调阅等。随着医疗信息化的快速发展，这样的场景在不久的将来将日渐普及，智慧医疗正日渐走入人们的生活。

五、智慧教育

（一）智慧教育的定义

"智慧"指辨析判断、发明创造的能力，而"智慧教育"的定义就是

"通过构建技术融合的学习环境，让教师能够施展高效的教学方法，让学习者能够获得适宜的个性化学习服务和美好的发展体验，使其由不能变为可能，由小能变为大能，从而培养具有良好的价值取向、较强的行动能力、较好的思想品质、较深的创造潜能的人才"。

智慧教育是一个包含智慧校园和智慧课堂的更为宏大的命题，可以理解为一个智慧教育系统，包括现代化的教育制度、现代化的教师制度、信息化一代的学生、智慧学习环境及智慧教学模式六大要素，其中，智慧教学模式是整个智慧教育系统的核心。

关于智慧教育的概念主要有以下几种观点：

其一，智慧教育是智能教育（Smart Education），主要是使用先进的信息技术实现教育手段的智能化。该观点重点关注技术手段。

其二，智慧教育是一种基于学习者自身的能力与水平，兼顾兴趣，通过娴熟地运用信息技术，获取丰富的学习资料，开展自助式学习的教育。该观点重点关注学习过程与方法，认为 SMART 是由自主式（self-directed）、兴趣（motivated）、能力与水平（adaptive）、丰富的资料（resource enriched）、信息技术（technology embedded）等词汇构成的合成词。

其三，智慧教育是指在传授知识的同时，着重培养人们智能的教育。这些智能主要包含学习能力、思维能力、记忆能力、想象能力、决断能力、领导能力、创新能力、组织能力、研究能力、表达能力等。

其四，智慧教育是指运用物联网、云计算、移动网络等新一代信息技术，通过构建智慧学习环境，运用智慧教学法，促使学习者进行智慧学习，从而提升成才期望，即培养具有高智能和创造力的人才。

（二）智慧教育的内涵

目前，学术界对智慧教育有两种理解。一种视角将其视为对知识教育观的批判和超越。英国哲学家怀特海指出，在古代学校里，哲学家们渴望传授的是智慧，而在现代学校里，我们的目标却是教授各种科目的书本知识，这标志着教育的失败。教育的全部目的就是使人具有活跃的智慧，教育要激发学生的求知欲，提升其判断力，锻造其对复杂环境的掌控能力，使学生能够运用理论知识对特殊事例做出预见。我国著名科学家钱学森从系统科学出发，提出用大成智慧教育培养拔尖创新人才，拆除各门科学技术之间的鸿沟，让科学与艺术不分家，让数学、自然科学与哲学社会科学互相联手，从而做到大跨度的触类旁通，完成创新。美国心理学家斯腾伯格倡导学校要为智慧而教，要引导学生智慧地思考和解决问题，让他们学会平衡自我、人际和外部社会之间的共同关切，从而更好地承担社会责任。

另一种视角是将智慧教育视为教育信息化发展的新阶段，是依托物联网、云计算、无线通信等新一代信息技术的教育信息生态系统，更是信息化元素充分融入教育后发生的"化学反应"。祝智庭教授认为，智慧教育通过利用智能化技术构建智能化环境，让师生施展灵巧的教与学方法，使其由不能变为可能，由小能变为大能，从而培养具有良好价值取向、较高思维品质和较强思维能力的人才。黄荣怀教授认为，智慧教育利用现代科学技术为学生、教师等提供一系列差异化的支持和按需服务，全面采集并利用参与者群体的状态数据和教育教学过程数据来促进公平，持续改进绩效并孕育教育的卓越。

此外，智能教育也是一个与智慧教育联系密切的概念。狭义的智能教育定位于"以人工智能为内容的教育"，目的是培养掌握智能技术的专业化人才；广义的智能教育则定位于实现个体智能的提升，不仅掌握人工智能等技术，还能初步具备在未来工作中实现人机合作的能力。

综合已有研究，我们认为，智慧教育是指以人的智慧成长为导向，运用人工智能技术促进学习环境、教学方式和教育管理的智慧转型，在普及化的学校教育中提供适当的学习机会，形成精准、个性、灵活的教育服务体系，最大限度地满足学生的成长需要。只有把"人"置于教育的最高关注点，发掘人的潜能，唤醒人的价值，启发人的智慧，才能从容应对人工智能时代带来的挑战。智慧教育不仅是教育基础设施的信息化、智能化，而且是教育理念与教育方式的转型升级，从注重"物"的建设向满足"人"的多样化需求和服务转变。智慧教育包括3个组成部分：一是相互融通的学习场景，利用智能技术打通物理空间与网络空间之间的壁垒，让万物互联，让世界互通，所有学生都可以在任何地方、任何时刻获取所需的任何信息；二是灵活多元的学习方式，注重学习的社会性、参与性和实践性，打破学科之间的界限，开展面向真实情境和丰富技术支持的深度学习；三是富有弹性的组织管理，破除效率至上的发展理念，释放学校的自主办学活力，利用人工智能提高教育治理的现代化水平，让学生站在教育的正中央。总之，人工智能为教育提供了全新的视角和机遇，智慧教育的广泛开展将成为教育史上一座重要的里程碑。

（三）人工智能在智慧教育中的应用

1. 智慧学习为智慧校园奠定基础

智慧校园建设强调人工智能与智慧学习在教学层面的应用和融合。单方面的校园网络设施数字化资源平台和教学软件的实施很难打破传统教学方式和相对闭塞的空间结构。为了有效改变传统的教学方式，丰富教学内容，从真正意义上改变空间束缚的格局，智慧校园需要人工智能视域下智慧学习环境的引导，人工智能辅助的智慧学习环境就是改变智慧校园的根基，如同量和质的关系。学校需要先创设满足智慧学习的环境，以智能设施为辅助，促进智慧校园的建设，通过大数据和物联网技术切实感知需要了解的学生、教师，以及学校资源与设备等一系列信息。通过这种方式实时了解学习者个体个性化的差异性和学习情境是否准确有效。

2. 智慧教育提升教学质量

当前亟待解决的问题是大班教学与个性化教学之间的矛盾。人工智能和智慧学习在教育领域的结合可以解决这些问题。小班制的教学使学生充分享受教育资源，获得个性化教学，激发学习兴趣。人工智能与智慧学习相结合，可以解决数据采集难题，实现可视化学情监测。它可以实现学生的个性化分析，提高学生学习的效率和质量；它可以为教学管理提供大数据辅助决策和建议，并为科学治理提供支持。总体来说，人工智能与智慧学习的结合使数千年来"因材施教"的教育梦想的实现成为可能，真正提高了教育的质量、效率和公平性。

3.机器人在智慧教育中大有可为

现阶段应用于教育领域的机器人可分为 5 个类型：学科教学机器人、辅助教学机器人、管理教学机器人、代理机器人和主持机器人。它们都具备人机交互性、延展性、实用性和开放性特点。当前人工智能视域下的智慧学习将教育型机器人作为一种新的发展领域，对学生的视听能力、口语交际能力、动手实践能力和长期监测能力有着至关重要的帮助作用。随着人工智能下机器人技术的不断发展，应用于教育服务领域的机器人在教育中发挥的作用越来越重要。机器人教育领域在当下有着巨大的潜力和生存环境，并且与多学科融合发展，可完善具有学科特色的人才培养体系。但从应用性方面考虑仍存在诸多问题，如教育型机器人研究还需要进行规模性研究，各学段的教学内容和授导机器人教育的师资缺乏，未来，教育型机器人应从教育"云端"仿生智能线上人工教育服务等方面开展研究，并通过校园网平台以及教学管理平台对教育型机器人进行优化，使机器人在教育中的应用更加契合。

4.网络在线教育高速发展

近几年，中国在线教育课程用户规模和网民使用率均呈快速上升趋势，2020 年 4 月 28 日，中国互联网络信息中心（CNNIC）发布第 45 次《中国互联网络发展状况统计报告》，公布中国在线教育用户规模达 4.23 亿。① 人工智能视域下的智慧学习为在线教育赋予了新的定义，它是在不

① 资料来源于中央电视台财经频道官方账号：https://baijiahao.baidu.com/s?id=1665 19623060031105117&wfr=spider&for=pc.

同学习环节和应用场景中加入人工智能进行智慧学习的学习方式。首先，帮助学生获取学习资料，进行沟通、管理，利用图像识别、智能搜索语音交互和情绪识别来达到最外围的学习目的；其次，利用语音识别、自然语言处理进行测评来达到次外围学习的目的；再次，通过练习、作业、教学辅导对学生在更高级图像识别、自然语言处理和自适应方面进行培养，再加上虚拟场景，如VR/AR进行展现来达到核心学习的目的；最后，通过教授、学习、认知、思考方向，规划学习路径，推送学习内容，侦测能力缺陷，预测学习进度，智慧化辅助学生进行自适应学习来达到最核心学习的目的。

（四）人工智能的教育价值

BBC[①] 基于弗雷（Frey）等的数据系统分析了未来360多种职业被人工智能所替代的可能性，结果教师被替代的可能性只有0.4%，这说明教育具有特殊性。国内学者认为人工智能对个性化学习影响最大，人工智能教育可以帮助教师完成很多重复性工作，从一定程度上减轻教师的压力和负担。余胜泉教师认为，未来人工智能教师可能承担助教、分析师、学习教练、心理辅导师、保健医生、综合测评班主任、学习指导顾问、互助同伴、学生的智能导师、生涯规划师、智能代理，等12个角色。

（1）助教：针对不同学习者自动出题，并实现自动化批阅、学习障碍诊断与反馈、批改作业、整理收集学习资料、安排考试等，以期通过互联网实现线上和线下教学的配合。

（2）分析师：针对学习者在学习过程中的学习障碍进行分析和即时反馈，并给予即时的解答，如提高学生的创新思维能力、问题分析与解决能力，弥补传统教育的缺陷，培养学生的综合能力。

---

① 英国广播公司（British Broadcasting Corporation，缩写BBC）成立于1922年，总部位于英国伦敦，前身为British Broadcasting Company，是英国最大的新闻媒体，也是世界最大的新闻媒体。

（3）学习教练：在项目式学习中，协助任课教师评估学生的问题解决能力的发展，包括认知能力、实践操作能力、知识整合能力等。

（4）心理辅导师：在日常学习中，协助教师深入了解学生知识与能力等综合心理素质，便于给予即时的干预。

（5）保健医生：无论在学校，还是在家，健康的身体都是最基础的保障，让学生意识到健康的生活方式是至关重要的，鼓励学生自主锻炼，增强自我监督意识。

（6）综合测评班主任：在关键时间节点为学生家长和学生实时提供全面、客观、科学数据支撑的综合测评报告。

（7）学习指导顾问：提供因人而异、因情境而异的个性化智能教学，即实现个性化教学、智能化评价与管理。

（8）互助同伴：在这一过程中，机器人主要充当一个互助同伴的角色，其主要致力于帮助教师实现同伴间的学习问题发现与互助改进，如发现问题并及时采取应对措施。

（9）教育决策助手：在教育决策助手角色中，我们更希望采用人机协同方式实现教育宏观决策和政策的研究，也就是为不同的决策提供分析模型和数据支持，为治理现代教育提供辅助决策。

（10）学生的智能导师：在学习过程中，由于学生个体差异，学生问题呈现多样化，可以借助机器人，采用人机对话的方式了解学生的学习需求，基于学生需求给予响应和反馈。

（11）生涯规划师：帮助学生认识和发现自己的兴趣特长，协助完成学生成长发展的智能推荐，助推学生未来职业发展。主要通过采集学生不同阶段的学业成就、特长等，给予关于学科选择和专业选择等方面的发展建议。

（12）智能代理：依据学生个性化特点查询和整合学习资源，实现从人找资源到资源找人的一个大转变；也就是说，基于学生需求提供个性化学习，这一转变需要做大量工作，而靠人开发这些内容显然很不现实。

教育信息化工程的启动加快了人工智能教育的发展步伐，同时也是培养 21 世纪人才核心素养和能力的内在需求。

贾积有教授认为，人工智能教育对教育会产生正面的促进作用，但在破解教育难题方面仍需做大量工作。

第二节　人工智能开发环境

一、认知变革下的人工智能开发

虽然作为术语的"大数据"近来才受到人们的高度关注，但在概念上它并不新鲜。著名的《二十四史》实际上就是对我国社会发展的大数据的记录。1980 年，著名的美国未来学家阿尔文·托夫勒（Alvin Toffler）在其著作《第三次浪潮》中，就已经提及大体量数据对信息技术乃至未来社会发展的影响，但在 40 年前，由于技术条件的限制，使这样的观念显得过于超前。随着宽带通信技术、移动互联网技术和物联网技术的发展，数据正在以前所未有的速度疯狂涌现，这也给大数据的发展提供了物理基础。2008 年 9 月，国际知名学术期刊《自然》推出了名为"大数据"的封面专栏，这意味着主流学术界对大数据的认可与关注。学术界的认可也影响到了工业界与商业界，"大数据"迅速成为互联网技术行业中的热门词汇。

在作为物理概念的"大数据"的基础上，世界著名的管理咨询公司麦肯锡公司（McKinsey Company）进一步提出了作为商业概念的"大数据"。麦肯锡公司从各类网站上记录的个人海量信息中敏锐地发现了其潜在的商业价值，于是投入大量人力物力进行调研，在 2011 年 6 月发布了关于"大数据"的报告，该报告对大数据的影响、关键技术和应用领域等都进行了详细的分析。麦肯锡公司的报告得到了金融界的高度重视，使大数据受到了全社会各行各业的关注。2012 年，英国牛津大学教授维克托·迈尔·舍恩伯格（Viktor Mayer Schornberger）出版了学术专著《大数据时代》，他在书中提出了一系列颇具前瞻性的洞见。舍恩伯格在书中指出，大数据带来的信息风暴正在变革我们的生活、工作和思维，开启重大的时代转型，并为人类的生活创造前所未有的可量化的维度。

　　说到这里，我们有必要对大数据的内涵加以阐释。"大数据"这个概念目前还没有多方公认的权威定义，学术机构、商业机构与公共管理机构只是分别从自己关注的角度对大数据进行描述。在不同的行业视角下，大数据会被解读出不同的内涵与不同的特征，如果将这些局部特征融合，大数据的全貌就会逐渐浮现：大数据是指以容量大、类型多、存取速度快、应用价值高为主要特征的数据集合。

　　与传统意义上的"小数据"相比，大数据最明显、最本质的特征在于它的体量，也就是大数据的"大"。"大"之所指不仅仅是数据超大的数目，更重要的是数据的全面性与完整性。以前，受数据采集技术与数据分析技术的限制，准确分析海量数据几乎是不可能完成的任务，因此只能在全体数据中采集出一部分样本，通过精确分析样本的性质来粗略估计数据整体的特征，这也正是统计学的核心任务。但在大数据炙手可热的今天，我们关注的不再是采样出来的数据样本，而是海量数据本身。这就可以正确地考察细节并进行新的分析，而无须考虑采样偏差所导致的错误结论，也不会错过可能被采样过程忽视而淹没在海量数据中的重要细节。毕竟，能从数据中获得的所有规律，都蕴藏在数据本身之中，而用于分析的数据越多，得到的规律就越准确。

　　葡萄酒的品鉴是专业性极强的领域，从事这项工作的通常是具有数十年品酒经验的专家。品酒师通过观察葡萄酒的色泽与稠度、嗅闻葡萄酒的香气、品尝葡萄酒的味道来判断这个酒大概来自哪个酒庄，酿造于什么年份。但是这门基于经验的手艺也有它自己的问题：当品酒师品鉴新酒时，由于葡萄酒储存的时间太短，其真正的品质还没有形成，所以品鉴结果难免流于偏颇。另外，知名品酒师爱惜名誉有如孔雀爱惜羽毛，这种怕出错的心态也会影响到其对酒类的鉴赏判断，使品酒师倾向于给出随大流的中庸结果。

难道判断葡萄酒水准的话语权只掌握在品酒师手中？美国普林斯顿大学^①的经济教授理查德·科万特（Richard Covant）偏不这么认为。作为葡萄酒爱好者，他尽可能多地收集关于葡萄酒产地信息与气候信息的数据，根据这些数据和相应的葡萄酒的质量，科万特得出结论：葡萄酒的品质跟土壤的成分、生长期的平均气温、冬天的降雨量、收获季节的降雨量等因素有关。根据自己的秘诀，1989 年葡萄酒刚一上市，科万特就预测这一年的葡萄酒是世纪佳酿。可仅仅一年之后，科万特又宣称1990 年的酒甚至比 1989 年的还要好！

连续两年号称"世纪佳酿"，这对任何一个品酒师来说都是砸牌子的说法，可科万特就是这么大胆！作为一个外行，科万特对酒的判断不是基于葡萄酒本身，而是生产过程中影响葡萄酒品质的众多天时地利的因素。他可能对葡萄酒的术语一无所知，却能够根据数据做出判断。在习惯的认知方式中，追求的主要目标是线性的、双边的直接因果关系。但是万物之间的联系恐怕比想象的要复杂千万倍，这种联系以多元且非线性方式存在。大数据的出现颠覆了原有的认知模式：认识事物的方式变成了先寻找相关关系，再寻找因果关系。

认知模式的转换反过来也成为审视大数据的慧眼。如何在纷繁复杂的海量数据中提炼出有用的结论呢？方法很简单：从传统的因果分析转向相关性分析。相较于统计学中的"知其所以然"，在大数据时代，只要"知其然"就已经足够了。当大数据占据信息社会的中心舞台，传统知识中的因果性遭到了极大的挑战，而相关性则让我们从对过去的理解中得

---

① 普林斯顿大学（Princeton University），简称"普林斯顿"，创建于 1746 年，位于美国东海岸新泽西州的普林斯顿市，是美国大学协会的 14 个始创院校之一，也是著名的常春藤联盟成员，是世界顶尖私立研究型大学，常年位居 U.S. News 美国最佳大学排名第 1 位。

出对未来的预测，这从本质上改变了数据的利用模式。

从因果性到相关性，一个经典的例子就是谷歌公司对流感暴发的预测。2009 年 2 月，谷歌公司的研究人员在《自然》杂志爱发表了一篇论文，预测了季节性流感的暴发，在医疗保健界引起了轰动。谷歌公司对 2003～2008 年间的 5000 万最常搜索的词条进行大数据"训练"，试图发现某些搜索词条的地理位置是否与美国流感疾病预防和控制中心的数据相关。疾病预防控制中心能够跟踪全国各地的医院和诊所的患者，但它发布的信息往往会滞后一两个星期，但谷歌公司的大数据发现了实时的趋势。

数据往往都是不完美的，拼写错误和不完整短语很普遍。为什么谷歌公司可以实现这么精准的预测？如果从因果关系看，是因为人感到不舒服，或听到别人打喷嚏，或者阅读了相关的新闻后感到焦虑吗？谷歌公司不是从这种因果关系去考虑，而是从相关性的角度去预测一个持续发展的大方向，因为大众的搜索词条处于不断变化之中，外界的一个蝴蝶翅膀的扇动，就会使搜索发生系统的、混沌的变化。谷歌公司并没有直接推断哪些查询词条是最好的指标。相反，为了测试这些检索词条，谷歌总共处理了 4.5 亿个不同的数字模型，将得出的预测与 2007 年和 2008 年疾病预防控制中心记录的实际流感病例进行对比后，谷歌公司发现，它们的大数据处理结果出现了 45 条检索词条的组合，一旦将它们用于一个数学模型，它们的预测与官方数据的相关性高达 97%。

最近关于使用大数据中的相关性提取有用结论的一个例子发生在美国国家橄榄球联盟的赛场上：2016 年 11 月 8 日，一场如火如荼的橄榄球比赛已经进行到第三节，5：21 落后的亚特兰大猎鹰队正推进到本方 46 码线。此时此刻，大数据公司 Splunk 做出了一个预测：猎鹰队下一步将祭出"霰弹枪阵式"，随后，四分卫马特·瑞安将送出一记左侧的短传。之后赛场的形势发展与 Splunk 的预测如出一辙：猎鹰队果真使用了"霰弹枪阵式"，只不过在最后一传上出现了失误。

Splunk 做出这个预测的依据并非依赖于专业的橄榄球从业人员，恰恰相反，这些从事数据分析的极客们可能连橄榄球的规则都不懂。但他们把至少一整年的比赛数据输入计算机，利用计算机分析不同赛场形势和不同攻守策略之间的联系，从而得出了精确的预测。这背后的因果性自然是橄榄球专业人员的战术设计，利用相关性也可以得到同样的决断。

二、数据化与量化背景下的人工智能开发

英国物理学家"开尔文勋爵"威廉·汤姆孙（William Thomson, 1st Baron Kel-vin）曾说过："当你能够量化你谈论的事物，并且能用数字描述它时，你对它就确实有了深入了解。但如果你不能用数字描述，那么你的头脑根本就没有跃升到科学思考的状态。"

这样的论断在百年后的大数据时代被奉为圭臬。在海量数据中，量化的价值并不体现在狭义的精确定量关系中，而是确定事物背后的运转规律，其出发点不是消除不确定性而是减少不确定性。尤其在大数据时代，分析数据更加追求关联性而非结构性，量化数据也不是非要用数字化去表达，这样的观念变革或许对于数据分析和量化而言是突破性的，而突破点就在于目的性的把握上。正因如此，数据可视化已经逐渐演进为一门独立的学科，它研究的正是如何将数据背后的定量关系直观地展示出来。

在第 84 届奥斯卡奖评选中，由好莱坞著名编剧阿伦·索尔金（Aaron Sorkin）与斯蒂文·泽里安（Steven Zaillian）编剧，金球奖得主布拉德·皮特（Brad Pitt）主演的影片《点球成金》（Moneyball）狂揽六项提名。这部体育题材影片改编自真实的故事。比利是美国职业棒球大联盟中奥克兰运动家队（Oakland Athletics）的经理。作为一支小本经营的球队，奥克兰运动家队无法像财大气粗的豪门纽约扬基队一样挥舞钞票开展金元攻势，大肆招兵买马，面对球员纷纷跳槽的窘境，未来的赛季似乎前途渺茫。可一次偶然的机会，比利认识了耶鲁大学经济学硕士彼得，

两人对于球队运营的理念不谋而合。比利立即聘请彼得作为顾问，用数学建模的方式，挖掘有高上垒率的潜在明星，并通过软磨硬泡的方法将他们招至麾下，并最终上演了逆袭戏码。电影本身的内涵非常丰富，但从数据科学的角度来看，比利所做的事情就是一改老派的教练员基于直觉和经验的球员评价体系，而是进行了全方位的量化。棒球本身即是一项强调数据的运动，衡量球员的指标包括打击率、长打率、防御率、胜投数、全垒打数、打点数等数十项指标。可是，棒球界却没能将这些意义非凡的数据转化为球队的战斗力，可谓"守着金矿要饭吃"。比利正是老旧传统的改造者。他和同伴建立了号称"棒球统计学（Sabermetrics）"的全新方法，利用统计学的方法将球员的能力最大限度地量化，并以量化结果作为衡量球员能力的唯一标准，而非某些基于主观经验的判断。与此配套的是全新的评价体系：让棒球比赛结束的因素是 27 个出局数，那么"上垒率"就是不二法门，其他诸如"击球率""盗垒"等指标就不那么重要了。通过这样的方式，比利颠覆了看重球员速度、力量和打击率的传统思维，挖掘出了决定比赛走势的深层次量化结果，给球队带来了实质性的发展。

　　大数据基础上的量化与其说是方法的进化，不如说是观念的改变。不经处理的数据本身谈不上价值，而量化才是数据价值提取的核心步骤。只要选择了合适的标准和参考系，万事万物皆可量化。量化是数据价值提取的基础，它能够使很多难以确定的情况变得能够估计和判断，这样相关的决策与结论才会具有说服力与可操作性。1965 年的诺贝尔文学奖被前苏联作家米哈伊尔·亚历山大维奇·肖洛霍夫（Mikhail Aleksandrovich Sholokhov）凭借描述哥萨克生活的史诗巨著《静静的顿河》摘得。这部作品以细腻的笔触刻画了哥萨克这一特殊群体在历史漩涡中的生活与命运，成为俄罗斯文坛上的一颗璀璨明珠。但在当年美苏争霸的国际形势下，出于各种各样的原因，以前苏联著名异见人士亚历山大·索尔仁尼琴（Aleksandr Solzhenitsyn）为首的诸多知名人士质疑

《静静的顿河》并非出自肖洛霍夫本人之手，而是抄袭了俄国内战中一位白军军官克留科夫的笔记。这一观点随着诺贝尔奖的颁发愈发甚嚣尘上，变成了文坛的一桩悬案。在肖洛霍夫获奖 20 年后，这桩沸沸扬扬的笔墨官司终于尘埃落定。1984 年，挪威奥斯陆大学的数学家与斯拉夫研究专家盖尔·克耶萨（Geir Kjetsaa）运用数理统计的分析方法对《静静的顿河》进行了研究，证实了肖洛霍夫是本书的作者。这一成果被克耶萨及其合作作者写书出版，轰动一时。克耶萨教授与他的合作作者使用乌普沙拉大学的一台 IBM370/155 电子计算机，对《静静的顿河》与"被抄袭者"克留科夫的一些作品进行比较。比较的方法是对肖洛霍夫和克留科夫的文本分别进行抽样，再编写程序测定句子长度和词汇分布等参数，据此生成对两人写作风格的比较。为了执行对比，所有的原始材料被分为三组：肖洛霍夫的无可争议的作品为第 1 组，《静静的顿河》为第 2 组，克留科夫的作品为第三组，研究者则分别研究三组文本的 3 个重要参数。

第 1 个参数是作品中出现的不同的词汇数量与总词汇量的百分比统计。三组结果分别为 65.5%、64.6% 和 58.9%。显然，前两个数据非常接近，并明显高于第 3 个数据。这表明肖洛霍夫的语言风格更加多变，而克留科夫偏爱使用重复的词汇。

第 2 个参数是词汇分布频率。研究者们选取了 20 个常见的俄文词汇，统计其在作品中出现的频率。三组结果分别为 22.8%、23.3% 和 26.2%，体现出与第 1 个参数同样的趋势。看起来这些词更受克留科夫的青睐。

第 3 个参数是作品中出现过一次的词汇所占的百分比。三组结果分别为 80.9%、81.9% 和 76.9%。这表明肖洛霍夫的词汇量要高于克留科夫。

在不同文本的比较中，三组参数表现出了一致的趋势，即克留科夫的作品与《静静的顿河》之间存在着显著的统计差异，这部杰作的真正作者更像是肖洛霍夫。这一结论在 1999 年被证实：《静静的顿河》手稿被发现，其中 605 页为肖洛霍夫亲笔，另 285 页是他的妻子和姐妹誊写。

这也给这件公案画上了一个句号。

虽然克耶萨教授的研究距今已过去 40 年，但他解决问题的思路正是大数据量化的思维方式：写作风格本来是虚无缥缈的东西，却可以通过作为载体的文本变得成看得见摸得着的东西，其中体现出来的作者遣词造句的方式也难以伪造。对词语和句法的数理统计无疑就是对写作风格的量化。对四大名著之一的《红楼梦》后四十回的真伪判定也使用了类似的方法。当然，受当年的技术条件限制，克耶萨教授分析的对象只限于抽取出来的文字样本，这将不可避免地给分析结果带来偏差。在大数据处理技术日臻成熟的今天，如果对全部文本进行统计的话，也许会得到更具说服力的结果。

在这个大数据的时代，数据正在从最不可能的地方涌现出来。量化一切是数据化的核心：一串串字符是对文字的量化；数字音频是对声音的量化；各种格式的数字图片是对图形的量化。量化正在不断推进数据化的进程：地图类应用是对地理场景的数据化；形形色色的电商平台上琳琅满目的商品是对现实物品的数据化；服务网站上各种各样的供需信息是对服务的数据化；微博和论坛上的各类表述是对思想观点的数据化；转发和点赞是对传播的数据化；社交网络是对人际关系的数据化。人和物的一切状态和行为都能数据化，而数据化意味着事物在数据空间里的操作，往往由此生出伟大的创意。

三、社会发展驱动下的人工智能开发

人工智能离不开深度学习。通过大量数据的积累探索，机器必将在任何单一的领域超越人类。而人工智能要实现这一跨越式的发展，把人从更多的体力劳动中彻底解放出来，除了计算能力和深度学习算法的演进，大数据更是助推深度学习的高能燃料。离开了大数据，深度学习就成了无源之水、无本之木。

深度学习的实质是通过构建具有很多隐层的机器学习模型和海量的

训练数据，学习更有用的特征，从而最终提升分类或预测的准确性。从本质上来看，深度学习只是手段，特征学习才是目的。为了更加精确地学习特征，深度学习引入了更多的隐藏层和大量的隐层节点，明确突出了特征学习的重要性。也就是说，通过逐层特征变换，将样本在原空间的特征表示变换到一个新特征空间，从而使分类或预测更加容易。与人工规则构造特征的方法相比，利用大数据来学习特征，更能够刻画数据的丰富内在信息。

从实际应用的角度来说，深度神经网络只是一个可以运作的简单大脑，单靠这个简单的大脑还不足以完成深度学习的任务。在医学上有种现象：聋哑儿童由于先天或后天的原因在年幼时丧失了听力，但他们的发声功能通常完好无损，这意味着他们具备说话的生理条件，可长大后，大部分的聋儿都不会说话，只能发出类似语言的简单音节组合。完好的生理条件并没有进化成语言能力，这是为什么呢？

其原因正是在于语言的能力没有被训练出来。读者不妨回忆自己学习说话的过程：一没有理论学习，二没有题海战术，靠的就是简单的牙牙学语。幼儿在最初听到任何语言的时候都会发懵，不知道说的到底是什么，但他们会通过观察出现这些语音信号时的场景图像，猜测这些词句大概代表的含义，并将图像和语音建立联系。经过多次的重复刺激后，幼儿就会逐渐形成对这一语音符号的"条件反射"，在大脑语言区的位置形成脑神经的一个网络结构，从而逐渐构造该语言的语言区，最终实现运用这种语言的语音符号思维的能力。而对于聋儿来说，听觉的丧失使他们无法建立图像和语音之间的联系，也就没有办法形成习得语言所必备的条件反射。

根据连接主义学派的观点，机器的深度学习借鉴的正是人类的学习，训练的过程也是智能形成的必由之路。如今，大数据就扮演着这一重要的"训练"角色。大数据的飞速发展，让深度学习拥有了无比丰富的数据资源来完成特定功能的"训练"。除此之外，大数据还能够产生涟漪效应：千千万万的深度学习用户把与之相关的使用习惯传入已有的数据集合中，新增的数据反过来又能够促进学习的深入。这样的涟漪效应使深度学习不断地进行自身的优化以达到更优的结果。前文中提及的 AlphaGo 便是大数据训练出来的结果：古今中外的海量对局硬是把不懂围棋为何物的算法训练成了独孤求败的高手。

大数据的出现为深度学习的发展提供了前所未有的契机，这同时也对它提出了更高的要求。工业界一直奉行"大道至简"的原则：在大数据条件下进行机器学习，简单模型会比复杂模型更加有效。可近年来随着深度学习的惊人进展，促使我们不得不重新思考这个观点。在大数据情况下，也许只有比较复杂的模型，或者说表达能力强的模型，才能最大限度地发掘出海量数据中蕴藏的丰富信息。大数据运用到浅度学习上，只会产生消化不良的后果，只有更强大的深度模型才能从大数据中发掘出更多有价值的信息和知识。

语音识别是一个典型的基于大数据的机器学习问题，其声学建模的训练样本可以达到十亿甚至是千亿级别。要处理这样体量的数据，普通的神经网络是无能为力的，需要更加复杂的深度神经网络。可在谷歌公司的一个语音识别实验中，研究者发现即使使用深度神经网络进行训练，训练出的模型对训练样本和测试样本的预测也相差无几，这意味着所有的训练都打了水漂，连个响动都没听见。这种违背常理的现象只有一种解释，就是大数据里含有的信息维度太过丰富，即使是如深度神经网络一般的高容量复杂模型也处于欠拟合的状态，更不必说传统的高斯混合声学模型了。深度学习模型就像是高效的冶炼机器，没有它就没有办法从大数据这座"金矿"里提取出金子。

要使机器大脑达到人脑的水平，第一个重要的步骤就是获取信息。信息既可以通过搜索引擎直接抓取，也可以通过记录用户的搜索历史获得。当然，孤立的信息是没有任何用处的，机器大脑还要挖掘其中的各种关联，作为行动的指导。这个过程很难由机器主动完成，唯一的途径是通过搜索引擎的用户反馈实现：当用户搜索某个关键词后对某个网站点击增加，就会自动增加这个关键词与该网站的关联，不断地寻找最优算法，让用户获得最优结果。

　　事实上，不只是语音识别或是图像识别这类专门的应用，真正的人工智能也应当基于大数据而诞生，并基于大数据不断进化。通过对海量的搜索和其他相关操作进行关联性的提取与分析后，机器大脑就能够找出在发生某个特定事件时，绝大多数人类的行为模式，并以这种模式和人类进行交互，使人以为对面真的是一个"人"。在现有的技术条件下，这可能是人工智能的终极形态：一个没有鲜明个性的"人"，一个群体意志的产物。

第三节　人工智能云应用场景

一、什么是人工智能云服务

　　人工智能云服务，一般也被称为 AIaaS（AI as a Service，AI 即服务）。这是目前主流的人工智能平台的服务方式。具体来说，AIaaS 平台会把几类常见的 AI 服务进行拆分，并在云端提供独立或打包的服务。这种服务模式类似于开了一个 AI 主题商城，所有的开发者都可以通过 API（Application Programming Interface，应用程序编程接口）使用平台提供的一种或多种人工智能服务，部分资深的开发者还可以使用平台提供的 AI 框架和 AI 基础设施来部署与运行维护自己专属的机器人。

　　国内典型的例子有腾讯云、阿里云和百度云。以腾讯云为例，目前该平台提供 25 种不同类型的人工智能服务，其中有 8 种侧重场景的应用服务，15 种侧重平台的服务，以及 2 种能够支持多种算法的机器学习和深度学习框架。

二、为什么人工智能需要迁移到云端

传统的 AI 服务有两大不可忽视的弊端：第一，经济价值低；第二，部署和运行成本高昂。第一个弊端主要受制于以前落后的 AI 技术——深度学习技术等未成熟，AI 所能做的事情很少，而且即便是在实现了商业化应用的场景（如企业客服）中，AI 的表现也不佳。

人工智能云服务可解决第二个弊端，即部署和运行成本高昂的问题。按照业界的主流观点，AI 迁移到云平台是大势所趋，因为未来的 AI 系统必须能够同时处理千亿量级的数据，同时要在上面做自然语言处理或运行机器学习模型。这一过程需要大量的存储资源和算力，完全不是一般的计算机或手机等设备能够承载的。因此，最好的解决方法就是把它们放在云端，在云端进行统一处理，也就是所谓的人工智能云服务。

用户在使用这些人工智能云产品时，不再需要花费大量精力和成本在软硬件上面，只需要从平台上按需购买服务并简单接入自己的产品。如果说以前的 AI 产品部署像是为了喝水而挖一口井，那么现在的 AI 产品部署就像是企业直接从自来水公司接了一根自来水管，想用水的时候打开水龙头即可。而且，在收费方面也不再是一次性买断，而是根据实际使用量（调用次数）来收费。使用人工智能云产品还有一个优点，就是其训练和升级维护也由服务商统一负责管理，不再需要企业聘请专业技术人员驻场，这也为企业节省了一大笔开支。

三、人工智能云服务的类型

根据部署方式的不同，人工智能云服务分为 3 种不同类型：公有云服务、私有云服务、混合云服务。

（一）公有云服务

公有云服务是指将服务全部存放于公有云服务器上，用户无须购买软件和硬件设备，可直接调用云端服务。这种部署方式成本低廉、使用方便，是最受中小型企业欢迎的一种人工智能云服务类型。但需要注意的是，用户数据全部存放在公有云服务器上，存在泄露风险。

（二）私有云服务

私有云服务是指服务器独立供指定客户使用，主要目的在于确保数据的安全性，增强企业对系统的管理能力。但是，私有云服务搭建方案初期投入较高，部署需要的时间较长，而且后期需要有专人进行维护。一般来说，私有云服务不太适合预算不充足的小型企业选用。

（三）混合云服务

混合云服务的主要特点就是帮助用户实现数据的本地化，确保用户的数据安全，同时将不敏感的环节放在公有云服务器上处理。这种方案比较适合无力搭建私有云服务，但又注重自身数据安全的企业使用。

四、人工智能云应用

随着智能手机的普及，手机上已经集成了各种各样有趣的人工智能云应用，下面具体介绍其中几款。

（一）微信公众号"微软小冰"

微信公众号"微软小冰"是一款领先的跨平台人工智能机器人，用户可以使用语音和文字与"微软小冰"进行对话，能够咨询"微软小冰"一些相关问题。当用户发送图片时，它能够进行颜值鉴定并进行相关分析。

（二）微信小程序"形色识花＋"

"形色识花＋"是一款微信小程序，可以通过对花朵拍照，自动识别该花的名称，并给出与该花相关的诗句、习性及相应的介绍。

（三）微信小程序"多媒体 AI 平台"

"多媒体 AI 平台"是深圳市腾讯计算机系统有限公司（简称：腾讯）提供的专门用于体验多媒体人工智能云功能的微信小程序，里面集成了计算机视觉、自然语言处理和无障碍 AI 三大功能。它能够让用户体验多媒体人工智能云的功能，同时给出了返回数据的格式，方便用户将相应的人工智能云技术融合到自主产品中。

（四）微信小程序"百度 AI 体验中心"

"百度 AI 体验中心"是百度公司提供的专门用于体验百度 AI 各种处理功能的微信小程序，包括图像技术、人脸与人体识别、语音技术、知识与语义四大功能，基本上涵盖了现有专用人工智能技术突破的方方面面。百度公司通过小程序功能的试用，吸引更多开发者将相关技术融合到实际应用中。

第四节　人工智能未来发展趋势

当前，人工智能技术在帮助人类进行信息收集、信息分析工作，以及开展决策的过程中发挥着日益重要的作用。不得不承认，人工智能技术的信息处理能力已经远超人类，在此背景下，人工智能能够替代人类完成许多复杂的工作。毋庸置疑的是，在人工智能的发展中，高度的智能化是其主要的发展趋势，而可以预见的"高度智能化"，则体现为深度学习能力的提升，即人工智能技术不仅能够替代人类完成一些较为复杂的体力劳动，而且具备独立思考与独立分析的能力。具体而言，从未来人工智能技术的发展基础来看，一方面，大数据技术能够为人工智能开展深度学习带来更为丰富的素材，因此，大数据技术能够在人工智能技术发展中发挥出不容忽视的推动作用；另一方面，云计算、GPU（Graphics Processing Unit，图形处理器）等是人工智能具备独立思考与独立分析能力的重要支撑，相对于大数据在人工智能技术发展中的作用而言，云计算、GPU技术等更像是人工智能技术中的"消化"系统，因此，云计算、GPU技术的发展，为人工智能技术的发展带来了难得的契机。

　　未来的人工智能技术将呈现出2种基本特征。首先，基于深度学习的人工智能技术将呈现出更快的发展速度。相对于以人为开发主体的技术发展模式而言，基于深度学习的人工智能技术能够对当前社会中存在的知识和经验进行吸收，虽然人类在获取这些知识与经验的过程中经历了漫长的发展历史，但是对于人工智能而言，这一过程所占用的时间将会十分短暂。而对这些知识和经验进行吸收的结果则体现为人工智能对自身的持续完善。其次，在深度学习基础上，人工智能可以展现出更加强大的信息挖掘能力与人机交互能力。近年来，人工智能的概念和技术在逐渐向各个领域渗透，一些依托人工智能技术所开发出的衍生品也已经初步具备了良好的人机交互能力，这种人机交互能力使这些衍生品的用户获得了更为良好的产品使用体验。随着人工智能的高度智能化特别是深度学习能力的提升，这些基于人工智能技术所生产的衍生品也将呈现出更为强大的人机交互能力，从而为社会大众生活以及各行各业的生产带来更多的便利。

　　当然，人工智能技术的发展过程中也伴随着一定的技术风险与伦理风险，了解这些技术风险与伦理风险发展趋势，也是研究人工智能技术发展趋势的组成部分，而如何有效规避这些风险，也是人工智能领域中十分热门的研究课题。其中，人工智能技术发展中的技术风险主要来自技术开发与应用过程中的失范现象，也与人工智能领域法律法规有待完善的情况有一定关联。而人工智能技术发展中的伦理风险，则主要是因为人工智能技术发展中的伦理评估标准较为缺失。为此，在未来的人工智能领域发展过程中，应逐步完善与人工智能相关的社会制度，这是确保人工智能技术能够有序发展并实现人工智能技术社会服务价值的关键。具体而言，一方面，在人工智能技术发展过程中，需要强化技术人员的伦理教育，从技术源头防范技术风险与伦理风险；另一方面，在对人工智能技术所具有的技术异化风险做出充分认知的基础上，政府部门需要强化人工智能技术开发与应用主体所具有的社会责任感，并通过完善相关法律法规、伦理评估标准等，为人工智能技术的健康发展提供良好保障。

一、新一轮人工智能的发展特征

当前，人工智能发展的突飞猛进和重大变化，表现出区别于过去的 3 个方面的阶段性特征：

（一）进入大数据驱动智能发展阶段

可以说，2000 年之后成熟起来的三大技术成就了人工智能的新一轮发展高潮，包括以深度学习为代表的新一代机器学习模型，GPU、云计算等高性能并行计算技术应用于智能计算，以及大数据的进一步成熟。这三大技术构建起支撑新一轮人工智能高速发展的重要基础。

人工智能发展将经历 3 个波次。第一波次是人工智能在自动是理证明，计算机博弈和问题求解等领域取得了突破性进展，但此阶段的人工智能只能解决比较简单的问题，对复杂问题束手无策。第二波次的主角是"专家系统"。专家系统是一种智能计算机程序，该程序通过引入某个专业领域的知识，经过推理和判断，就可以模拟人类专家的决策过程来解决该领域的问题，并对用户的问题给出建议。在第三波次 AI 系统中，人们不再直接教授 AI 系统规则和知识，而是通过开发特定类型的机器学习模型，基于海量数据形成智能获取能力，深度学习是其典型代表。在这种技术路线下，获得高质量的大数据和高性能的计算能力成为算法成功的关键要素。

尽管基于现有的深度学习十大数据的方法，离最终实现强人工智能还有相当大的距离，下一步可能需要借鉴人脑高级认知机理，突破深度学习方法，形成能力更强大的知识表示和学习推理模型，但业界普遍认为，最近 5 ～ 10 年，人工智能仍会基于大数据运行，并形成巨大的产业红利。

（二）进入智能技术产业化阶段

在机器学习十大数据的人工智能研究范式下，得益于硬件计算性能的快速增强，智能算法性能大幅度提升，围棋算法、语言识别、图像识别都在近年陆续达到或超过人类水平；智能搜索和推荐、语音识别、自动翻译、图像识别等技术进入产业化阶段；各类语音控制类家电产品和脸部识别应用在生活中已随处可见；无人驾驶技术难点不断突破，谷歌无人驾驶汽车已在公路上行驶了 300 多万英里（1 英里 = 1609.344 米），自动驾驶汽车已经在美、英政府得到上路许可；德勤会计师事务所推出的财务机器人，开始代替人类阅读合同和文件；IBM 公司的 Watson 智能认知系统也已经在医疗诊断领域表现出了惊人的潜力。

人工智能的快速崛起使其得到了资本界的青睐。《自然》杂志中有文章指出，近一两年来，人工智能领域的社会投资正在快速聚集，2015 年比 2013 年增长了 3 倍左右。人工智能技术的发展正在由学术推动的实验室阶段，转向由学术界和产业界共同推动的产业化阶段。

（三）进入认知智能探索阶段

得益于深度学习和大数据、并行计算技术的发展，感知智能领域取得了重大突破，目前已处于产业化阶段。同时，认知智能研究已经在多个领域启动并取得重要进展，这将是人工智能的下一个突破点。

2016 年年初，谷歌 AlphaGo 战胜韩国围棋世界冠军李世石的围棋人机大战，成为人工智能领域的又一重大里程碑事件，标志着人工智能系统的智能水平再次实现跃升，初步具备了直觉、大局观、棋感等认知能力。目前，人工智能的多个研究领域都在向认知智能挑战，如图像内容理解、语义理解、知识表达与推理、情感分析等，这些认知智能问题的突破将再次引发人工智能技术的飞跃式发展。

除谷歌外，微软、Facebook（脸书）、亚马逊等跨国科技企业，以及国内的IT巨头企业都在投入巨大研发力量，抢夺这一新的技术领地。Facebook提出在未来5～10年，让人工智能完成某些需要"理性思维"的任务；"微软小冰"通过理解对话的语境与语义，建立用于情感计算的框架方法；IBM的认知计算平台Watson在智力竞猜电视节目中击败了优秀的人类选手，并进一步应用于医疗诊断、法律助理等领域。

二、未来40年的人工智能问题

15位著名计算机科学家在2003年1月的ACM（Association for Computing Machinery，美国计算机协会）的杂志上发表文章，各自阐述了未来计算机科学研究的问题。下面综述了未来人工智能领域有待解决的问题[1]。

文献[2]《对计算智能的一些挑战和重大挑战》由1994年图灵奖得主费根鲍姆撰写。该文提出了未来计算机科学发展的3个挑战：第一，要开发这样的计算机，它们可以通过费根鲍姆测试，即给定主题领域中图灵测试的限制版本；第二，要开发这样的计算机，它们可以读文档，并且自动构建大规模知识库，显著地减少知识工程的复杂度；第三，要开发这样的计算机，它们能理解Web内容，自动构建相关的知识库。

虽然后两个挑战实质上都是一个大的知识工程，但二者仍然是有差别的，因为第三个挑战牵涉一个开放的环境。开放性通常是指：知识表述和语义理解无统一标准；知识源的动态性（也就是出现和消失的随机

① 贾可荣，孙宁. 计算机科学中的待解问题综述 [J]. 计算机工程与科学，2005 (10)：3-5.

② .FEIGENBAUM E A, Some Challenges and Grand Challenges for Computational Intelligence[J]. Journal of the ACM, 2003, 50 (1)：32-40.

性）；知识的矛盾性、二义性、噪声、不完备性和非单调性。

文献^①《下一步干什么？12个信息技术研究目标》由 1998 年图灵奖得主格雷（Gray）撰写。12 个信息技术研究目标如下：

目标 1：可伸缩性，设计可以扩展 106 倍的软件和硬件体系结构。也就是说，一个应用程序的存储和处理能力可以成百万倍自动增长。无论是提高工作速度或者在相同的时间内做更多的工作，通过且仅通过增加更多的资源即可。

目标 2：图灵测试，构建一个至少能赢 30% 的模拟游戏的计算机系统。

目标 3：语言到文本，像本地人一样听音。

目标 4：文本到语言，像本地人一样说话。

目标 5：像人一样看，识别对象和行为。

目标 6：个人麦麦克斯（memex）存储器，记录一个人看到的、听到的所有东西，并根据请求快速检索任意元素。

目标 7：世界麦麦克斯存储器，构建一个给出了文本全集的系统，可以回答有关文本的问题，并像人类的该领域专家一样尽快、尽可能准确地概述文本。对音乐、图像、艺术和电影也能这样做。

目标 8：远程存在，在异地模拟一个观察者（远程观察者），能够像真的在实地一样听和说。也可以表示一个与会者，在异地模拟某个与会者（远程存在），就像在那里一样与其他人和环境交互。

目标 9：没有问题的系统，构建一个只有一个人在业余时间管理和维护的，每天有上百万人使用的系统。

目标 10：安全系统，确保目标 9 中的系统只能被授权用户访问，服务不能被非授权用户取消，信息不会被窃取（并证明它）。

目标 11：永远运行，确保每 100 年系统停止运转时间不会超过 1s。

---

① GRAY J .What Next? A Dozen Information-Technology Research Goals[J].Journal of the ACM, 2003, 50（1）: 41-57.

目标 12：自动化程序设计，设计一种规范语言或用户接口，满足 3 个条件：使人们易于表达设计；计算机可编译；能够描述所有应用（是完整的）。这个系统应该探究应用问题、询问有关异常情况和不完整规范的问题，但是不能应用起来很烦琐。

文献①《计算机的理解》由 1992 年图灵奖得主兰普森（Lampson）撰写。

计算机应用的 3 次浪潮分别是 1960 年开始的模拟，如核武器、工资单、游戏、虚拟现实等；1985 年开始的通信（和存储），如电子邮件、航班订票、图书、电影等；2010 年开始的灵境，如视觉、语音、机器人等。

本文重点阐述了 2 个问题：第 1 个问题是灵境技术，如汽车不撞人（不发生道路交通事故）；第 2 个问题是根据规范自动写程序。

灵境技术的主要挑战是实时视觉、道路模型、车辆模型、侵入道路的外部对象模型。这些知识需要一个驾驶员学习多年。驾驶员要处理传感器的输入、车辆运行中的不确定性因素，以及环境中随时可能发生的变化。满足可信性，即在面临死亡危险时，自动驾驶仪必须能正确工作。

自动化程序设计是一个新问题，人们为之奋斗了 40 多年，但是进展有限。

在某些领域，描述程序设计可行。Spreadsheets 和 SQL 查询是成功的：其规范与程序接近。实例程序设计在文本编辑器中和电子数据表中是有用的。HTML 在某种程度上也是成功的。可是，这些解决方案用了利刃：电子数据表宏、SQL 更新和对 HTML 中的规划的精确控制。

事务处理是很成功的。它不借助其他工作将一系列相互独立的简单顺序程序转换成并发、容错、负载平衡的程序。

大的组件导致的差异。很容易将程序构建在一个关系数据库、一个操作系统和一个 Web 浏览器上，而不是从头写起。

---

① LAMPSON B. Getting Computers to Understand[J]. Journal of the ACM, 2003, 50（1）: 70-72.

文献[①]《未来49年计算机科学中的问题和预测》中介绍了研究人工智能的2个途径：一是生物方法；二是逻辑方法。逻辑AI面临的问题是：有关行为和变化的事实，包括框架问题在内的容错、非单调推理、三维世界（近似知识、表象和真实）之间的关系。

有关人类层次的智能问题有7个。一是人类层次AI和我们如何到达那里；二是使AI达到使程序能够读书的水平；三是定义可以与任何其他程序交互的程序；四是给出程序满足合同的规范部分的形式化证明；五是让用户充分控制他的计算环境，也就是说，在用户对环境仅有必需的了解的情况下，为他们设计一个为环境重新编程的方法；六是用程序设计语言的基本元素形成语言的抽象语义；七是证明与Shannon通道能力理论的类似性。

文献[②]《AI中3个未解决的问题》由1994年图灵奖得主瑞迪（Reddy）撰写。文章简述的3个问题若获解决，我们离人类层次的AI就比较近了。

第1个问题：从一本书中读一章并回答该章后面的问题。为了让机器能够阅读、理解并回答问题，需要以下机制：将纸上的信息转换成机器可以处理的形式；在所有潜在的模糊性和自然语言的不准确性条件下阅读并理解文章，解释作者的意图；将这种理解转换成可执行的知识表示；将问题解释并表示成初始条件和预期的目标；应用从文章中提取出来的知识和以前已知的（获得的）知识，包括大量的常识性知识，求解当前的问题。

第2个问题：远程修理。系统能够成功地在真实世界环境中执行任务，必须理解时间、空间概念以及近似算法，此处程序的再次执行并不一定总是给出相同的结果。为了在火星上修理一个机器人，需要一个带

① MCCARTHY J .Problems and Projections in CS for the Next 49 Years[J].Journal of the ACM, 2003, 50（1）:73-79.

② REDDY R .Three Open Problems in AI[J].Journal of the ACM, 2003, 50（1）: 83-86.

有所有相关工具和设备的移动平台；在一个半自动化的系统中，人类管理者可以提供指导，但不是最终的远程操作（注意，10～15min 的延迟取决于地球到火星的相对位置，这就暗含着绝大部分的导航和规避障碍物必须由本地控制）；可以用来修理的系统意味着有对出现故障的平台的拆卸和装配的准确操作能力；一个能够通过观察人类操作者的动作学习的系统（需要一个有 3D 视觉、空间建模、能够发现人类的动作并设计出等价的操作程序的系统）；一个可以与人类对话并能验证和确认对人类操作观察理解的系统。

第 3 个问题："按需百科全书"。创建一本百科全书性的文章的任务需要几种新技术，如将文档集合起来定义一组相关的文章；从所有相关文章中分析信息，形成一个单个的合并文档；概述合并的信息，形成一个方便阅读的规模；生成最后概括性的自然符合直觉的语句。

文献①《现代人工智能在中国》中，金芝提出，在未来的50年内，我们期望在研究诸如意识、注意力、学习能力、记忆力、语言、思考力和推理能力，甚至情感等脑活动的工程中，中国可以在智能科学研究中做出重要贡献。一些特别有前景的研究方向包括脑怎样整合与协作神经细胞簇活动；神经细胞簇如何接收、表示、传送和重构可视化符号和意识；如何使用经验方法（如核磁共振）观察神经细胞簇活动；怎样开发、评价建模和模拟神经细胞簇活动的数学和计算方法。

鉴于机器智能与生物智能的互补性，吴朝晖等在多年前提出了混合智能（Cyborg Intelligence，CI）的研究思路，将智能研究扩展到生物智能和机器智能的互联互通，融合各自所长，以创造出性能更高的智能形态。混合智能是以生物智能和机器智能的深度融合为目标，通过相互连接通道建立兼具生物（人类）智能体的环境感知、记忆、推理、学习能力和机器智能体的信息整合、搜索、计算能力的新型智能系统，如图 4-1 所示。

① 中国计算机学会.中国计算机科学技术发展报告 2006［R］.中国计算机学会文集.北京：清华大学出版社，2007，11：305-317.

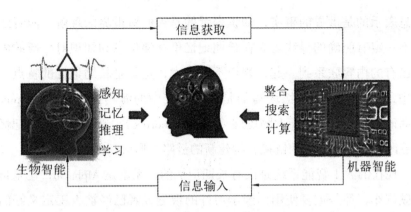

图 4-1　混合智能：新型智能形态

混合智能系统是要构建一个双向闭环的，既包含生物体组织，又包含人工智能电子组件的有机系统。其中，生物体组织可以接受人工智能体的信息，人工智能体可以读取生物体组织的信息，两者无缝交互。同时，生物体组织实时反馈人工智能体的改变，反之亦然。混合智能系统不再仅仅是生物与机器的融合体，而是同时融合生物、机器、电子和信息等多领域因素的有机整体，能增强系统的行为、感知和认知等能力。

混合智能的形态表现在生物智能与机器智能在不同的层次、方式、功能、耦合层次的交互融合。

文献① 《人工智能的未来——记忆、知识、语言》中，李航认为，人工智能系统不具有长期记忆功能。人脑的记忆模型由中央处理器、寄存器、短期记忆和长期记忆组成。视觉、听觉等传感器从外界得到输入，存放到寄存器中，在寄存器停留 1 ～ 5s。如果人的注意力关注这些内容，就会将它们转移到短期记忆，在短期记忆停留 30s 左右。如果人有意将这些内容记住，就会将它们转移到长期记忆，半永久地留存在长期记忆。人们需要这些内容的时候，就从长期记忆中进行检索，将它们转移到短期记忆，并进行处理。长期记忆的内容既有信息，也有知识。简单地说，

---

① 李航. 人工智能的未来——记忆、知识、语言［J］. 中国计算机学会通讯，2018，14（3）：34-38.

信息表示的是世界的事实，知识表示的是人们对世界的理解，两者之间并不一定有明确的界线。人在长期记忆里存储信息和知识时，新的内容和已有的内容联系到一起，规模不断增大，这就是长期记忆的特点。大脑中，负责向长期记忆读写的是边缘系统中的海马体（hippocampus）。长期记忆实际上存在于大脑皮层（cerebral cortex）。在大脑皮层，记忆意味着改变脑细胞之间的链接，构建新的链路，形成新的网络模式。

现在的人工智能系统是没有长期记忆的。无论是 AlphaGo，还是自动驾驶汽车，都是重复使用已经学习好的模型或者已经被人工定义好的模型，不具备不断获取信息和知识，并把新的信息与知识加入系统中的机制。假设人工智能系统也有意识，那么其所感受到的世界就只有瞬间的意识。

日裔美国物理学家加莱道雄（Michio Kaku）定义意识为：如果一个系统与外部环境（包括生物、非生物、空间、时间）互动的过程中，其内部状态随着环境的变化而变化，那么这个系统就拥有"意识"。按照这个定义，温度计、花朵是有意识的系统，人工智能系统也是有意识的。当前拥有意识的人工智能系统缺少的是长期记忆。具有长期记忆将使人工智能系统演进到一个更高的阶段，是人工智能系统今后发展的方向。

三、人工智能鲁棒性和伦理

（一）人工智能的鲁棒性问题

在机器学习中，以往的研究主要是假设在封闭静态的环境下进行的，因为要假定很多东西是不变的，例如，数据分布不变、样本类别不变、样本属性不变，甚至评价目标不变等。但现实世界是开放动态的，一切都可能发生变化。一旦某些重要因素变了，原有模型马上就会表现很差，而且没有理论保证最差到什么程度。所以，开放环境下的机器学习是一个很困难的挑战，这里的鲁棒性很关键，就是好的时候要好，差的时候也不能太差。2016 年 2 月的国际人工智能大会上，AAAI（国际人工智能协会）前主席托马斯·迪特里奇（Thomas Dietterich）教授做了一个纵览人工智能全局、指引未来发展的报告——《通往鲁棒人工智能》（*Steps towards Robust* AI）。报告强调，人工智能技术取得了巨大发展，接下来就不可避免地会在一些高风险领域应用，如自动驾驶汽车、无人战机、远程自动外科手术等领域，这些应用有一个共同的要求，就是不仅正常情况下要做得好，而且出现意外时仍不能有坏性能，否则就会造成重大损失。要解决这个问题，人工智能技术就必须"能应对未知情况"，这就对应了我们所谓的"开放环境"。开放环境下的机器学习研究是通往"鲁棒人工智能"途径上的关键环节之一。

（二）人工智能的伦理问题

如今，人工智能伦理成为国际社会关注的焦点。此前，未来生命研究院（FLI）推动提出"23 条人工智能原则"，IEEE（Institute of Electrical and Electronics Engineers，电气与电子工程师协会）发起人工智能伦理标准项目并提出具体指南。联合国曾耗时 2 年完成机器人伦理报告，认为需要机器人和人工智能伦理的国际框架。经济合作与发展组织（OECD）① 也开始考虑制定国际人工智能伦理指南。

欧洲联盟（简称：欧盟）在这方面的动作也很频繁，积极推进人工智能伦理框架的确立。2017 年，欧盟议会就曾通过一项立法决议，提出要制订"机器人宪章"，以及推动人工智能和机器人民事立法。2017 年年底，欧盟将人工智能伦理确立为 2018 年立法工作重点，要在人工智能和机器人领域呼吁高水平的数据保护、数字权利和道德标准，并成立了人工智能工作小组，就人工智能的发展和技术引发的道德问题制定指导方针。

2018 年 3 月 9 日，欧洲科学与新技术伦理组织（European Group on

---

① 经济合作与发展组织，简称经合组织（OECD），是由 38 个市场经济国家组成的政府间国际经济组织，旨在共同应对全球化带来的经济、社会和政府治理等方面的挑战，并把握全球化带来的机遇。OECD 成立于 1961 年，成员国总数 38 个，总部设在巴黎。

Ethics in Science and New Technologies）发布《关于人工智能、机器人及"自主"系统的声明》。该声明认为，人工智能、机器人技术和所谓的"自主"技术的进步已经引发了一系列复杂的、亟待解决的道德问题。该声明呼吁为人工智能、机器人和"自主"系统的设计、生产、使用和治理制定共同的、国际公认的道德和法律框架；并且还提出了一套基于欧盟条约和欧盟基本权利宪章规定的价值观的基本伦理原则，为人工智能、机器人以及"自主"系统的发展提供指导性意见。

人工智能伦理的关键问题包括 5 个，分别为：关于安全性、保险性，以及预防损害、减少风险的问题；关于人类道德责任方面的问题；人工智能引发了关于治理、监管、设计、开发、检查、监督、测试和认证的问题；有关民主决策的问题，主要是关于制度、政策，以及价值观的决策，这些是解决上述所有问题的基础；对人工智能和"自主"系统的可解释性和透明度仍存在疑问。

四、我国新一代人工智能发展规划

目前，世界各大国已经开始在国家战略层面部署人工智能的发展。2016 年 10 月，美国政府发布了《国家人工智能研究和发展战略计划》和《为人工智能的未来做好准备》2 份报告，提出美国优先发展的人工智能七大战略。2017 年 4 月，英国工程与物理科学研究理事会（EPSRC）发布了《类人计算战略路线图》，明确了类人计算的研究动机、需求、目标与范围等。2017 年 7 月，中国政府印发《新一代人工智能发展规划》（以下简称《规划》），将 AI 发展上升到国家战略高度。各国已经展开全球竞争，抢抓发展机遇，占领产业制高点。中国《规划》提出，要立足国家发展全局，准确把握全球人工智能发展态势，找准突破口和主攻方向，全面增强科技创新基础能力，全面拓展重点领域应用的深度、广度，全面提升经济社会发展和国防应用智能化水平。下面简要介绍中国《规划》中的基础理论体系、关键共性技术体系和创新平台。

（一）建立新一代人工智能的基础理论体系

（1）大数据智能理论。研究数据驱动与知识引导相结合的人工智能新方法；研究以自然语言理解和图像图形为核心的认知计算理论和方法；研究综合深度推理与创意人工智能理论与方法；研究非完全信息下智能决策基础理论与框架；研究数据驱动的通用人工智能数学模型与理论等。

（2）跨媒体感知计算理论。研究超越人类视觉能力的感知获取；研究面向真实世界的主动视觉感知及计算；研究自然声学场景的听觉感知及计算；研究自然交互环境的语言感知及计算；研究面向异步序列的类人感知及计算；研究面向媒体智能感知的自主学习；研究城市全维度智能感知推理引擎。

（3）混合增强智能理论。研究"人在回路"的混合增强智能；研究人机智能共生的行为增强与脑机协同；研究机器直觉推理与因果模型；研究联想记忆模型与知识演化方法；研究复杂数据和任务的混合增强智能学习方法；研究云机器人协同计算方法；研究真实世界环境下的情境理解及人机群组协同。

（4）群体智能理论。研究群体智能结构理论与组织方法；研究群体智能激励机制与涌现机理；研究群体智能学习理论与方法；研究群体智能通用计算范式与模型。

（5）自主协同控制与优化决策理论。研究面向自主无人系统的协同感知与交互；研究面向自主无人系统的协同控制与优化决策；研究知识驱动的人、机、物三元协同与互操作等理论。

（6）高级机器学习理论。研究统计学习基础理论、不确定性推理与决策、分布式学习与交互、隐私保护学习、小样本学习、深度强化学习、无监督学习、半监督学习、主动学习等学习理论和高效模型。

（7）类脑智能计算理论。研究类脑感知、类脑学习、类脑记忆机制与计算融合、类脑复杂系统、类脑控制等理论与方法。

（8）量子智能计算理论。探索脑认知的量子模式与内在机制；研究高效的量子智能模型和算法；研究高性能与高比特的量子人工智能处理器；研究可与外界环境交互信息的实时量子人工智能系统等。

（二）建立新一代人工智能的关键共性技术体系

新一代人工智能关键共性技术的研发部署以算法为核心，以数据和硬件为基础，以提升感知识别、知识计算、认知推理、运动执行、人机交互能力为重点，形成开放兼容、稳定成熟的技术体系。具体包括如下8个方面：知识计算引擎与知识服务技术；跨媒体分析推理技术；群体智能关键技术；混合增强智能新架构和新技术；自主无人系统的智能技术；虚拟现实智能建模技术；智能计算芯片与系统；自然语言处理技术。

（三）统筹布局人工智能创新平台

建设布局人工智能创新平台，强化对人工智能研发应用的基础支撑，包括以下5个方面：人工智能开源软硬件基础平台；群体智能服务平台；混合增强智能支撑平台；自主无人系统支撑平台；人工智能基础数据与安全检测平台。

第五章 国际科技合作态势综合评估

第一节 人工智能基础层板块国际科技合作态势评估

人工智能基础层板块主要包括智能芯片与机器学习两大领域，下面分别从 SCI（Science Citation Index，科学引文索引）论文发表、顶级会议统计、发明专利申请 3 个维度对人工智能基础层板块的主要创新国家（地区）、研究机构的综合实力进行统计和分析，梳理出未来应与之开展国际科技合作的主要备选国家（地区）和机构。

一、智能芯片领域

（一）智能芯片领域国际合作实体的双维度分析

为了评估智能芯片领域的主要创新实体的综合实力，参考波士顿矩阵分析方法思路，现从 SCI 论文总发文量和发明专利申请量两个维度进行对比分析。

美国的 SCI 论文总发文量和发明专利申请量都很高，表现出在智能芯片领域的超强综合实力，其基础研究、技术创新和产业化应用等方面全面领先，且知识、技术和人才储备皆十分丰富；韩国的 SCI 论文总发文量较低，但发明专利申请量却较高，表现出在本领域较强的技术创新和产业化应用能力；中国香港、新加坡、日本、加拿大等的 SCI 论文总发文量处于全球前列，但发明专利申请量较少，表现出在本领域较强的基础研究能力。综上，在本领域的未来科技创新合作中，美国可作为本领域学术研究和产业化合作的重点合作对象；韩国可作为本领域产业化合作的重点合作对象；而中国香港新加坡、日本和加拿大等可作为本领域学术方面重点合作对象。

（二）智能芯片领域国际合作机构的双维度统计

根据人工智能基础层板块智能芯片领域发展情况的分析，从 SCI 论文发文量和发明专利申请量两个维度进行总结，通过区域划分统计出智能芯片领域主要企业或研究机构的产业化能力，以及与中国大陆开展科技合作的情况。

在 SCI 论文发文量维度，美国、新加坡、日本和加拿大等实体近 5 年 SCI 论文总发文量较多，且与中国大陆合作较为密切。在上述 4 个实体中，佐治亚理工学院、南洋理工大学、东京大学和阿尔伯塔大学这 4 所国际顶尖高校的 SCI 发文量最多，应将其视为重点合作机构。从横向来看，在发文量较多的实体中，一些机构在本领域具有较强的科研创新能力，发文量排在前列，但与中国大陆合作发文量却较少，这些机构有巨大的合作潜力。从发明专利申请量维度，英特尔公司（简称：英特尔）和三星集团（简称：三星）的申请量分别为 610 件、506 件，排在前列，表明其在本领域的技术创新和产业化应用能力突出，属于重点合作机构。

二、机器学习领域

（一）机器学习领域国际合作主要实体三维度分析

为评估机器学习领域的主要创新实体的综合实力，参考波士顿矩阵分析方法思路，从 SCI 论文总发文量、顶级会议发文量以及发明专利申请量 3 个维度进行综合分析。

美国的 SCI 论文总发文量、顶级会议发文量以及发明专利申请量都排在全球前列，表现出在机器学习领域的超强综合实力，其基础理论、前沿技术创新和产业化应用等方面全面领先，其知识、技术和人才储备十分丰富；韩国的 SCI 论文总发文量和发明专利申请量较多，但顶级会议发文量却严重不足，表现出在本领域较强的基础理论研究和产业化应用能力，但最新的前沿技术研究处于劣势；另外，中国香港、中国澳门、澳大利亚、越南和伊朗等的 SCI 论文总发文量处于全球前列，但顶级会议发文量和发明专利申请量却很少，表明其基础理论研究能力较强，但其前沿技术创新研究和产业化应用能力不足；法国、印度和以色列等在顶级会议发文量上处于全球前列，但 SCI 论文总发文量和发明专利申请量却较少，表明其在本领域前沿技术研究方面能力较强，但基础研究和产业应用能力不足。综上，在本领域科技创新合作中，美国属于重点合作对象，韩国应为次重要合作对象，中国香港、中国澳门澳大利亚、越南和伊朗等应作为学术交流合作的对象；而对于法国、印度和以色列等，可在某些特定前沿技术领域进行合作交流。

（二）机器学习领域国际合作机构的三维度统计

根据上文对人工智能基础层板块机器学习领域发展情况的详细分析，从 SCI 论文发文量、顶级会议发文量和发明专利申请量 3 个维度进行总结，通过区域划分统计出机器学习领域主要企业或研究机构的产业化能力,以及与中国大陆开展国际科技创新合作的情况。

在 SCI 论文总发文量维度,美国、新加坡、英国、澳大利亚、伊朗、中国香港和中国澳门等的 SCI 论文总发文量较多,且与中国大陆合作也较为密切;此外,在上述 7 个实体中,斯坦福大学、南洋理工大学、伦敦大学、澳门大学、悉尼大学和伊朗阿扎德大学这 6 所高校的 SCI 发文量最多,可将其视为重点合作机构。从横向来看,在发文量较多的实体中,一些机构在本领域具有较强的科研创新能力,发文量排在其所在实体的前列,但与中国大陆合作发文量却较少,这些机构有巨大的合作潜力。在顶级会议发文量维度,机器学习领域主要包括两大顶级学术会议——国际机器学习会议(ICML)和神经信息处理系统研讨会(NeurIPS)。在 ICML 国际会议中,谷歌和多伦多大学的发文量在国际竞争中处于优势地位,应将其视为重点合作机构;在 NeurIPS 国际会议中,卡内基·梅隆大学与 DeepMind 的发文量分别排在其所在实体的首位,也属于重点合作机构。

在发明专利申请量维度,IBM、微软和三星的申请量排名靠前,属于重点合作机构。

第二节　人工智能技术层板块国际科技合作态势评估

一、计算机视觉领域

(一)计算机视觉领域国际合作实体的三维度分析

为了评估计算机视觉领域的主要创新国家(地区)的综合实力,参考波士顿矩阵分析方法思路,从 SCI 论文总发文量、顶级会议发文量和发明专利申请量 3 个维度进行综合分析。

美国的 SCI 论文总发文量、顶级会议发文量以及发明专利申请量都

152

排在全球前列，表现出了在计算机视觉领域的超强综合实力，其基础理论、前沿技术创新和产业化应用等方面全面领先，其知识、技术和人才储备十分丰富；中国澳门和爱尔兰的 SCI 论文总发文量处于全球前列，但顶级会议发文量和发明专利申请量却很少，表现出在本领域较强的基础研究能力，但最新前沿技术创新和产业化应用能力处于劣势；中国香港、新加坡、澳大利亚和英国等的 SCI 论文总发文量和顶级会议发文量较多，但发明专利申请量严重不足，表现出在本领域较强的基础研究和前沿技术创新能力，但产业化应用能力处于劣势。此外，瑞士、中国台湾等在顶级会议发文量方面处于世界前列，但 SCI 论文发文量和发明专利申请量却较少，表明其在本领域特定方向前沿技术研究方面能力较强。综上所述，在本领域的未来科技合作中，美国属于重点合作对象，中国澳门、中国香港、爱尔兰、新加坡澳大利亚和英国等全球主要创新实体可作为学术界的研究伙伴，而对于瑞士、中国台湾等可在特定前沿技术方向与其进行合作交流。

（二）计算机视觉领域合作机构的三维度统计

根据上述对人工智能技术层板块计算机视觉领域发展情况的详细分析，从 SCI 论文发文量、顶级会议发文量和发明专利申请量 3 个维度进行总结，通过区域划分统计出计算机视觉领域主要企业或研究机构的产业化能力，以及与中国大陆开展科技合作的实际情况。在 SCI 论文发表维度，美国、中国香港、新加坡和澳大利亚近 5 年 SCI 论文总发文量较多，且与中国大陆合作也较为密切；此外，上述 4 个实体所属的卡内基·梅隆大学、香港中文大学、南洋理工大学和悉尼大学这 4 所国际顶尖高校的 SCI 发文量最多，可将其视为重点合作机构。在顶级会议发文量维度，计算机视觉领域主要包括两大顶级学术会议——国际计算机视觉大会（ICCV）和国际计算机视觉与模式识别会议（CVPR）。在 ICCV 国际会议中，斯坦福大学、香港中文大学、伦敦大学玛丽王后学院等高校的发文量排在其所在实体的前列，表明其相关前沿技术创新在国际竞争中处于优势地位，应将其视为重点合作机构；在 CVPR 国际会议中，谷歌发文量为 73 篇，位列全球首位，表明其绝对的科研水平和技术实力，卡内基·梅隆大学、香港科技大学、南洋理工大学等国际顶尖高校的发文量分别排在其所在实体的前列，也属于重点合作机构。

在发明专利申请量维度，英特尔和 IBM 的申请量分别为 1198 件、686 件，处于全球领先地位，表明其在计算机视觉领域的技术产业化应用广泛和发展势头迅猛，属于重点合作机构。

二、语音识别领域

（一）语音识别领域国际合作实体的三维度分析

为了评估语音识别领域的主要创新实体的综合实力，参考波士顿矩阵分析方法思路，现从 SCI 论文总发文量、顶级会议发文量和发明专利申请量 3 个维度进行综合分析。

美国的 SCI 论文总发文量、顶级会议发文量以及发明专利申请量都排在全球前列，表现出了在计算机视觉领域的超强综合实力，其基础理论、前沿技术创新和产业化应用等方面全面领先，其知识、技术和人才储备十分丰富；英国、新加坡和日本三国的 SCI 论文总发文量和顶级会议发文量较多，但发明专利申请量严重不足，表明这些国家基础研究水平较高且前沿技术创新能力较强，而技术产业化应用和推广还相对薄弱。另外，中国香港和中国台湾的 SCI 论文总发文量处于全球前列，但顶级会议发文量和发明专利申请量却很少，表明其虽注重基础研究，但在前沿技术创新和产业化应用方面存在短板。韩国发明专利申请量跻身于全球前列，但 SCI 论文发文量和顶级会议发文量却很少，表明其更加注重技术产业化应用。苏格兰和荷兰在顶级会议发文量上处于全球前列，但 SCI 论文总发文量和发明专利申请量却较少，表明其在某些前沿技术领域具有领先优势。综上，在本领域国际科技合作中，美国属于重点合作对象，英国、新加坡、日本、中国香港和中国台湾等可作为学术界的研究伙伴，韩国可作为产业界的合作对象，而对于苏格兰和荷兰可在某些前沿技术领域与其进行合作交流。

（二）语音识别领域国际合作机构的三维度统计

根据上文对语音识别领域发展情况的详细分析，现从SCI论文发表量、顶级会议发文量和发明专利申请3个维度进行总结，通过区域划分统计出语音识别领域主要企业或研究机构的产业化能力，以及与中国大陆开展科技合作的实际情况。在SCI论文总发文量维度，美国、英国、新加坡、日本、中国香港和中国台湾等实体近5年SCI论文总发文量较多，且与中国大陆合作较为密切；其中，约翰·霍普金斯大学、剑桥大学、新加坡国立大学、香港中文大学、日本先进科学技术研究所和中国台湾的成功大学这6所机构的SCI发文量最多，应将其视为重点合作机构。从横向来看，在发文量较多的实体中，约翰·霍普金斯大学、微软研究院、帝国理工学院和新加坡科技研究局等在本领域具有较高的科研创新水平，发文量排在其所在实体的前列，但与中国大陆合作发文量相对较少，有巨大的合作潜力。

在顶级会议发文量维度，语音识别领域的顶级学术会议——计算机语言协会会议（ACL），卡内基·梅隆大学的发文量为103篇，位列全球首位，表明其在基础研究方面有绝对的科研水平和技术实力，微软、谷歌、剑桥大学、南洋理工大学、东京大学、爱丁堡大学和阿姆斯特丹大学等全球顶尖高校（研究机构）的发文量分别排在其所属国家的前列，也属于重点合作机构。

在发明专利申请量维度，三星的申请量为724件，排在全球首位，属于重点合作机构。另外，为了实现语音识别领域技术专利的海外扩展和全球布局，应加强同IBM公司和微软等国际技术领先公司的合作研发。

三、自然语言处理领域

（一）自然语言处理领域国际合作实体的双维度分析

为了评估自然语言处理领域的主要创新实体的综合实力，参考波士顿矩阵分析方法思路，现从 SCI 论文总发文量和发明专利申请量 2 个维度进行对比分析。

美国的 SCI 论文总发文量较高，且发明专利申请量也排在全球前列，表现出了在自然语言处理领域的超强综合实力，其基础理论、技术创新和产业化应用等方面全面领先，其知识、技术和人才储备十分丰富；韩国的 SCI 论文总发文量较低，而发明专利申请量却较多，表明其在本领域技术创新和产业化应用能力较强；新加坡、中国香港和中国澳门等的 SCI 论文总发文量处于全球前列，但发明专利申请量却很少，表明其更加注重基础研究。综上，在自然语言处理领域的未来科技合作中，美国属于重点合作对象，韩国可作为自然语言处理领域产业界的合作对象，而新加坡、中国香港和中国澳门等可作为学术界的合作伙伴。

（二）自然语言处理领域国际合作机构的双维度统计

根据对自然语言处理领域发展情况的分析，从 SCI 论文总发文量和发明专利申请量 2 个维度总结，通过区域划分统计出自然语言处理领域主要企业或研究机构的产业化能力，以及与中国大陆开展科技合作的情况。

在 SCI 论文发文表维度，美国、新加坡、中国香港和中国澳门等近 5 年 SCI 论文总发文量较多，且与中国大陆合作也较为密切；此外，上述 4 个实体其所属的哈佛医学院、南洋理工大学、香港理工大学和澳门大学这 4 所国际顶尖高校的 SCI 发文量最多，应将其视为重点合作机构。从横向来看，在发文量较多的实体中，如斯坦福大学、卡内基·梅隆大学和哥伦比亚大学等高校发文量排在前列，但与中国大陆合作发文量相对较少，具有巨大的合作潜力。

在发明专利申请量维度，IBM公司的申请量为5179件，远超其他研究机构或企业，处于全球领先地位，未来应加强与其进行合作交流。微软和LG电子有限公司（简称：LG）的申请量分别为965件、760件，排在其所在国家的前列，表明其在自然语言处理领域的技术产业化能力也较为突出，同样属于重点合作机构。

第三节　人工智能应用层板块国际科技合作态势评估

人工智能应用层板块包括自动驾驶技术和智能机器人两大领域。这里分别从SCI论文发文表和发明专利申请量2个维度对自动驾驶技术和智能机器人领域的主要创新实体、研究机构的综合实力进行统计和分析，梳理出未来应与之开展国际科技合作的主要备选实体和机构。

一、自动驾驶领域

（一）自动驾驶技术领域国际合作实体的双维度分析

为了评估自动驾驶技术领域的主要创新实体的综合实力，参考波士顿矩阵分析方法思路，从SCI论文总发文量和发明专利申请量2个维度进行对比分析。

美国的SCI论文总发文量较高，且发明专利申请量也排在全球前列，表现出了在自动驾驶技术领域的超强综合实力，其基础理论、技术创新和产业化应用等方面全面领先，其知识、技术和人才储备十分丰富；日本的SCI论文总发文量较低，而发明专利申请量却较多，表明其在本领域的技术创新和产业化应用具有优势；英国、新加坡、澳大利亚和加拿大等SCI论文总发文量处于全球前列，但发明专利申请量却很少，表明其更加注重基础研究。综上，在自动驾驶技术领域的未来科技合作中，美国属于重点合作国家，日本可作为自动驾驶技术领域产业界的合作对象，而英国、新加坡、澳大利亚等全球主要创新国家可作为学术界的合作伙伴。

（二）自动驾驶技术领域国际合作机构的双维度统计

根据上文对自动驾驶领域发展情况的详细分析，现从 SCI 论文发文量和发明专利申请量 2 个维度进行总结，通过区域划分统计出自动驾驶技术领域主要创新实体、企业或研究机构的产业化能力，以及与中国大陆开展国际科技合作的实际情况。

在 SCI 论文发文量维度，美国、英国、新加坡、澳大利亚和法国等近 5 年 SCI 论文总发文量较多，且与中国大陆合作较为密切；此外，上述 5 个国家的加州大学、伦敦大学、南洋理工大学、悉尼新南威尔士大学和法国国家科学研究中心的 SCI 论文发文量排在其所在国家前列，应将其视为重点合作机构。从横向来看，密歇根大学、韩国科学技术高等研究院、印度理工学院和亥姆霍兹联合会在本领域具有较高的科研创新水平，SCI 发文量排在前列，但与中国大陆合作发文量相对较少，有巨大的合作潜力。

在发明专利申请量维度，丰田集团（简称：丰田）和通用汽车公司处于技术领先地位，属于重点合作对象；同时，应加强与日本其他公司在本领域的技术交流合作。

二、智能机器人领域

（一）智能机器人领域国际合作主要实体的双维度分析

为了评估智能机器人领域的主要创新实体的综合实力，参考波士顿矩阵分析方法思路，从 SCI 论文总发文量和发明专利申请量 2 个维度进行对比分析。

韩国的 SCI 论文总发文量较高，且发明专利申请量也排在全球前列，表现出了在智能机器人领域的超强综合实力，其基础理论、技术创新和产业化应用等方面全面领先，其知识、技术和人才储备十分丰富；法国、美国、德国、新加坡等的 SCI 论文总发文量处于全球前列，但发明专利申请量却很少，表明其更加注重在学术领域的基础研究。综上所述，在智能机器人领域的未来国际科技合作中，韩国属于重点合作国家，法国、美国、德国和新加坡等全球主要创新国家可作为学术界的未来合作伙伴。

（二）智能机器人领域国际合作机构的双维度统计

根据上文对智能机器人领域发展情况的详细分析，现从 SCI 论文发文量和发明专利申请量 2 个维度进行总结，通过区域划分统计出在智能机器人领域主要创新实体、企业或研究机构的产业化能力，以及与中国大陆开展国际科技合作的实际情况。

在 SCI 论文发文量维度，法国、美国、新加坡、英国和意大利等国家近 5 年 SCI 论文总发文量较多，且与中国大陆合作也较为密切；此外，上述 5 个国家的法国国家科学研究中心、加州大学、新加坡国立大学、伦敦大学和意大利技术研究所这 5 所国际顶尖高校（研究机构）的 SCI 论文发文量最多，应将其视为重点合作机构。从横向来看，东京大学、韩国国立首尔大学和苏黎世联邦理工学院在本领域具有较强的科研创新能力，发文量排在前列，但与中国大陆合作发文量相对较少，有巨大的合作潜力。

在发明专利申请量维度，韩国两大国际顶尖公司三星电子和 LG 处于全球领先地位，其发明专利申请量分别为 311 件、295 件，表明其在智能机器人领域的技术产业化方面应用广泛，属于重点合作机构。

第四节　重点合作的国家（地区）与机构

一、基础层板块重点合作国家（地区）与机构

智能芯片领域可重点合作的国家（地区）和机构情况见表5-1。

表5-1　智能芯片领域可重点合作国家（地区）和机构情况

合作对象	基础研究	产业化应用
国家（地区）	美国、新加坡、日本、加拿大、中国香港	美国、韩国
机构	佐治亚理工学院、东京大学、塞维利亚大学、印度理工学院、欧洲核子研究中心、中国台湾成功大学	英特尔、三星

机器学习领域可重点合作的国家（地区）和机构情况见表5-2。

表5-2　机器学习领域可重点合作国家（地区）和机构情况

合作对象	基础研究	前沿新理论新技术	产业化应用
国家（地区）	美国、韩国、澳大利亚、伊朗、中国香港、中国澳门	美国、法国、印度、以色列	美国、韩国
机构	斯坦福大学、香港理工大学、南洋理工大学、伦敦大学、澳门大学、悉尼大学、阿扎德大学、加州大学洛杉矶分校、多伦多大学、首尔大学	谷歌、多伦多大学、卡内基·梅隆大学、DeepMind	IBM、三星

二、技术层板块重点合作国家（地区）与机构

计算机视觉领域可重点合作的国家（地区）和机构情况见表5-3。

表5-3　计算机视觉领域可重点合作国家（地区）和机构情况

合作对象	基础研究	前沿新理论新技术	产业化应用
国家（地区）	美国、新加坡、澳大利亚、爱尔兰、中国香港、中国澳门	美国、新加坡、瑞士、英国、中国香港、中国台湾	美国
机构	卡内基·梅隆大学、香港中文大学、南洋理工大学、悉尼大学、爱尔兰国立大学	斯坦福大学、香港中文大学、伦敦大学、玛丽王后学院、谷歌、卡内基·梅隆大学、香港科技大学、南洋理工大学	英特尔、IBM

语音识别领域可重点合作的国家（地区）和机构情况见表5-4。

表5-4 语音识别领域可重点合作国家（地区）和机构情况

合作对象	基础研究	前沿新理论新技术	产业化应用
国家（地区）	美国、英国、新加坡、日本、中国香港、中国台湾	美国、苏格兰、荷兰	美国、韩国
机构	约翰·霍普金斯大学、剑桥大学、新加坡国立大学、香港中文大学、日本先进科学技术研究所、中国台湾成功大学、微软研究院	卡内基·梅隆大学、微软、谷歌、剑桥大学、南洋理工大学、东京大学、爱丁堡大学、阿姆斯特丹大学	IBM、三星、微软

自然语言处理领域可重点合作的国家（地区）和机构情况见表5-5。

表5-5 自然语言处理领域可重点合作国家（地区）和机构情况

合作对象	基础研究	产业化应用
国家（地区）	美国、新加坡、中国香港、中国澳门	美国、韩国
机构	哈佛医学院、香港理工大学、南洋理工大学、澳门大学、卡内基·梅隆大学、哥伦比亚大学	IBM、LG、微软

三、应用层板块重点合作国家（地区）与机构

自动驾驶领域可重点合作的国家（地区）和机构情况见表5-6。

表5-6 自动驾驶领域可重点合作国家（地区）和机构情况

合作对象	基础研究	产业化应用
国家（地区）	美国、英国、新加坡、澳大利亚	美国、日本
机构	加州大学、伦敦大学、南洋理工大学、悉尼新南威尔士大学、法国国家科学研究中心、美国国防部、韩国科学技术高等研究院、印度理工学院、慕尼黑工业大学	丰田汽车、本田汽车、Denso公司、本田技研工业株式会社、通用汽车、霍尼韦尔

智能机器人领域可重点合作的国家（地区）和机构情况见表 5-7。

表5-7　智能机器人领域可重点合作国家（地区）和机构情况

合作对象	基础研究	产业化应用
国家（地区）	韩国、法国、美国、德国、新加坡	韩国
机构	法国国家科学研究中心、加州大学、新加坡国立大学、伦敦大学、意大利技术研究所、东京大学、首尔大学、苏黎世联邦理工学院	三星、LG

第五节　开展人工智能技术国际科技创新合作态势 SWOT 分析

根据上述人工智能产业三大板块各领域的国际科技创新合作态势评估综合结果，本节从中国视角出发，针对在人工智能产业领域开展国际科技创新合作的优势、劣势、机会和威胁 4 个方面展开讨论。

一、人工智能产业国际科技合作优势分析

（一）基础数据资源丰富

近年来，在海量数据支撑下，我国人工智能技术加速迭代进化。数据资源已成为我国发展人工智能技术的主要优势，体现为以下 2 个方面：

其一，新一代智能科技革命催生了新产业革命，信息技术成为率先渗透到经济社会各领域的先导技术，世界正在进入以信息产业为主导的经济时代。中国作为人口大国，拥有海量的数据基础以及丰富的数据类型，可为人工智能技术研发提供有力支撑。

其二，人工智能产业各板块相关数据和算法大多都已开源，可供产业界和学术界进行技术交流和讨论，促进理论和应用的交叉融合，推动双方共同进步，营造一个良好的氛围。

（二）民众接受程度高

随着政策支持以及底层技术的进步，我国人工智能产业稳步迈入推广应用阶段，人工智能技术研发逐年加速，广泛的落地应用已渗透到民众生活的方方面面。同时，由于新一代人群的助力，消费者对于高科技产品的接受程度越来越高，人工智能产品的智能化特性受到国内广大消费者的热捧，如智能手机、智能家居、扫地机器人等产品在中国已经拥有庞大的市场。另外，我国民众对人脸识别、虹膜识别等存在泄露个人隐私风险的人工智能应用有较高容忍度。人工智能带来的切实直观的便利，在一定程度上增强了民众对人工智能未来发展的信心，使得大多数民众对人工智能产业众多产品持赞许态度。

（三）人口基数大，应用前景可观

中国幅员辽阔、人口众多，拥有海量的数据基础以及丰富的数据类型，可为人工智能产业技术研发提供有力支撑。并且，庞大的人口基数拉动了市场需求，进一步推动人工智能产业技术不断推陈出新。目前，众多技术不断实现落地应用，遍及各行各业。

二、人工智能产业国际科技合作劣势分析

（一）优势机构、顶尖学者较少

虽然我国人工智能产业近些年发展迅猛，但在本领域的基础支撑、前沿新技术、探索性技术、颠覆性技术等方面，仍然主要由谷歌、微软、脸书、亚马逊、苹果等科技巨头和 OpenAI、DeepMind 等新锐研究机构推动，我国仅有百度、阿里巴巴（阿里巴巴集团控股有限公司）、华为（华为技术有限公司）、腾讯等少数企业具有相对的技术创新优势；而卡内基·梅隆大学、多伦多大学、麻省理工学院、加州大学、斯坦福大学

和华盛顿大学等国际顶尖高校也引领了本领域基础研究，我国仅有清华大学具有相对理论研究优势。清华大学 AMiner 团队于 2020 年发布的"人工智能全球最具影响力学者榜单"显示，美国拥有 1244 名人工智能领域顶尖专家，居全球之首，其中约 27％来自中国。尽管中国拥有 196 名人工智能领域顶尖专家，仅次于美国，但相较于美国而言依然差距巨大。因此，我国应加强基础研究，优化科研环境，培养和吸引顶尖人才，在人工智能产业领域实现突破，保证人工智能发展的根基稳固。

（二）专业人才缺口大

相关机构发布的《2021 年中国人工智能行业市场现状及前景预测》指出，中国人工智能产业将迎来新一轮的增长点，新技术的引入让更多创新应用成为可能，预计到 2021 年底，中国人工智能产业规模达到 2035.6 亿元，增长率为 28.8％。随着人工智能行业市场规模的不断扩大，对专业人才的需求也不断增长。2020 年 11 月 21 日，国家工业信息安全发展研究中心发布《人工智能与制造业融合发展白皮书 2020》，其中显示，目前中国人工智能人才缺口达 30 万人。另外，我国大部分院校人工智能相关专业开设还相对不足，人才培养教育体系还不健全，难以满足产业人才需求。

（三）底层支撑受制于人

美国人工智能产业起步早，已在 AI 芯片、算法框架和公共数据集等方面取得明显优势。从 AI 芯片的角度看，美国在芯片领域的起步最早、产业布局完整、人才储备丰富，因而已在 AI 芯片领域形成领先优势，如英伟达已成为云端 AI 芯片领域的绝对领导者。从开源算法框架和平台角度看，深度学习被研发出来以后，美国的大公司迅速抓住了开源软件的先发优势，全球 AI 从业者一方面从这些 AI 开源社区得到开源算法软件和资源助力；一方面贡献大量应用，形成了丰富、完善的生态环境，一旦开始使用之后就很难迁移，国内错过了这轮机会。从公共数据集的角度看，在自然语言处理、语音识别和计算机视觉等领域，全球主流的公共数据集 WikiText、SQuAD、Billion Words、VoxForge、TIMIT、CHIME、SVHN 全部由美国的机构管理，著名计算机视觉公共数据集 ImageNet 由澳大利亚机构 Kaggle 管理。

（四）企业品牌影响力缺乏

我国人工智能行业市场规模不断扩大，企业数量逐渐增多，但良莠不齐。目前，除了百度、腾讯、阿里巴巴、华为等少数世界知名企业外，我国大部分企业的人工智能产品在全球范围内知名度很低。由于这些企业只注重产品的研发，而忽略了品牌价值和影响力的经营，虽然其研发的人工智能产品在国际竞争中能出类拔萃，但却不能引起行业领域的关注。

三、人工智能产业国际科技合作机会分析

（一）产业政策支持和催化

近年来，中国政府对人工智能产业扶持政策持续加码出台。2020 年10 月，中国共产党第十九届五中全会通过了"十四五"规划建议，提出要强化国家战略科技力量，瞄准人工智能、量子信息、集成电路等前沿领域，实施一批具有前瞻性、战略性的国家重大科技项目；同时要发展战略性新兴产业，推动互联网、大数据、人工智能等同各产业深度融合。同年 11 月，浦东开发区开放 30 周年庆祝大会在上海世博中心举行，国家主席习近平特别提出，要在人工智能领域打造世界级产业集群。这一系列的政策信号展现了中国政府发展人工智能全产业链的重视与决心，也预示着中国的人工智能产业将迎来新一轮的快速发展，表现出了巨大的发展潜力。

（二）市场需求强劲，投融资力度加大

人工智能产业包括三大板块：基础层、技术层、应用层。各个板块都表现出了强大的市场需求。基础层包括智能芯片和机器学习两大领域，涉及 AI 芯片、算法、数据以及传感系统等，是整个人工智能技术实现的基础；技术层主要包括计算机视觉、语音识别和自然语言处理三大领域，涉及算法理论、感知技术以及认知技术，行业领先企业构建技术开放平台，为开发者提供 AI 开发环境，建设上层应用生态，形成核心竞争力；应用层已切入安防、金融、医疗、教育、物流、自动驾驶、智能机器人等各种生活场景，为用户提供个性化、精准化、智能化服务，赋能各应用行业。例如，2020 年年初，中国政府出台了一系列政策，推动人工智能技术在新冠肺炎疫情防疫抗疫中的应用，展现了"AI + 医疗"等技术模式的巨大商业价值和社会价值。由于"社交隔离"成为切断疫情传染途径的重要手段，无接触新经济模式也在疫情的催化下得到了快速发展；此外，包括智能安防、智能家居等一系列智能产品也在逐步发展和普及，将极大地便利人们的生活。上述事例验证了人工智能技术发展的重要性和必要性，市场需求强劲也预示着人工智能产业正面临崭新的发展机遇，发展势不可挡。

中国人工智能行业的投资融资活动持续快速增长，为人工智能技术的快速推广和应用起到了巨大的推动作用。2020 年 7 月，上海人工智能产业投资基金与上海证券交易所共同建设成立了"科创板 AI 产业工作站"，旨在培育优秀人工智能企业，支持人工智能企业与上市公司并购整合。同年 12 月，人工智能企业在机器视觉、AI 芯片、语音语义识别、智能机器人、自动驾驶等领域出现了 IPO 融资高峰，一些企业纷纷开启上市辅导。相信未来几年，科创板将会成为更多人工智能企业上市募资的首选。据艾瑞咨询不完全统计，2021 年 1 ～ 2 月，人工智能产业投资融资事件共计 66 件，其中，芯片、智慧城市、"AI + 工业" 3 个领域的投资融资热度偏高。

（三）技术应用场景广泛

中国作为全球第二大经济体，在人工智能产业的市场潜力巨大。中国工业门类齐全、基础设施完善，人工智能技术拥有丰富的应用场景和广阔的需求。目前，人工智能技术的应用领域包括安防、金融、零售业、交通、教育、医疗、制造业、健康等，并且在帮助传统产业转型升级的过程中扮演着重要角色。由于应用场景广泛，市场有足够深度，中国在人工智能技术应用的数据积累上也有得天独厚的优势，这不但有助于人工智能技术的商业化和产业化，也有助于研发人员利用大量且优质的数据来提高算法与模型的准确度，并不断进行迭代更新，增强人工智能技术的商业价值。一旦人工智能企业实现商业盈利，对人工智能技术的研发投入将更加可持续，产业的发展也将更加势不可挡。

四、人工智能产业国际科技合作威胁分析

（一）国内外企业竞争激烈

目前，一方面，在全球人工智能产业市场竞争格局中，以微软、苹果、谷歌、脸书、亚马逊等为首的美国企业在人工智能领域拥有大量的资金和超强的研发能力，其产品遍及全球，受到广大消费者的喜爱。对中国企业而言，竞争压力显著。另一方面，随着国内人工智能行业市场的不断发展，企业之间的竞争日益激烈，人才、技术等方面的竞争加剧，少数企业之间抄袭模仿情况频发，同质化产品大量进入市场，造成恶性竞争，降低了企业在国际舞台上的竞争力。

（二）国内外技术限制

虽然我国人工智能产业技术发展较快，但国内外技术的限制成为我国人工智能产业技术研发和创新的重要障碍。就国内技术竞争而言，科

技巨头已占据基础设施和技术优势，力图构建行业生态链。而受到科技巨头的技术限制，创业企业仅靠技术输出将很难与科技巨头抗衡，更多地只能发力于科技巨头的数据洼地（金融、政府事务、医疗、交通、制造业等），切入行业痛点，提供解决方案，探索商业模式。就国外技术竞争而言，众多海外顶尖企业限制人工智能产业的硬件和软件的出口，对中国实行技术封锁。

（三）国际贸易壁垒

全球各国市场存在贸易保护主义，导致国际市场中贸易壁垒大。近年来，随着我国综合实力不断增强，人工智能产业发展迅速，但不断加剧的贸易摩擦使得我国人工智能产品贸易形势趋劣。另外，国外发达国家对知识产权的保护意识较强，国内的人工智能产品容易受到波及，企业在国际市场中易遭受损失。

第六章　人工智能时代的个人数据困境与应对

第一节　人工智能时代的隐私暴露问题

倘若说石油是第三次产业革命的血液，数据便是人工智能时代的养料。算法作为人工智能的基本要素，需要大量的数据信息作为分析与研究的材料。与此同时，人工智能技术的发展对获取数据的体量、类型、方式和效率都将产生质的变化。正如狄更斯所说："这是一个数据传输极为便利的时代，也是一个数据泄漏稀松平常的时代；这是一个数据充斥街头巷尾的时代，也是一个数据保护备受关注的时代。"人类在享受技术福利的同时，也面临着"裸奔"于社会的风险，个人喜好、经历、亲友关系等个人信息将被一览无余。

相较于传统手段，人工智能对个人信息权利的获取和侵犯有其特点：第一，从数据的获取看，人工智能技术获取能力增加，移动设备、传感器、监控器等工具架构了一张大网将人类生活记录在电子设备中；第二，从数据的类型看，人工智能技术获取的数据类型多样，内容丰富，从文字图片到视频甚至直播，从个人一般信息到私密信息，技术触及人格信息的各个角落，数据内容真假难辨，数据保存时限也得到极大的扩展；第三，从数据的利用方式看，人工智能下数据的分析和整合能力得到强化，通过对碎片化数据的分析，数据控制者能够迅速完成人物侧写；第四，从数据保护看，数据在滋养人工智能产业发展的同时，也存在极大的滥用风险。例如，真实性存疑的数据传播给利益相关人带来困扰，人工智能决策的歧视算法和不透明政策可能给数据保护带来挑战；第五，从数据侵害的防范看，人工智能的隐蔽性和技术化不仅可能加重数据侵害程度，而且加大数据侵权者的确定。人工智能技术掌握个人数据造成的风险远不仅限于数据的泄漏和恶意使用。人工智能还可能导致"信息茧房"效果，切断人们全面获取信息的路径，导致信息源的片面化或极端化。所谓"信息茧房"是指人类乐于关注符合自己需求的信息，而人工智能可以通过算法推送符合用户喜好的信息，从而导致个人接受的信息类型和观念固化，难以接受异质化信息。此外，人工智能导致人类交流萎缩。随着人工智能体掌握愈发丰富的人类信息，在沟通交流中显得愈发善解人意，人类可能更多转向和人工智能体的交流而忽略了自然人之间的往来。人工智能时代还可能对信息侵权起到"放大镜"的作用，从侵害影响范围、时间和对象等方面扩展侵害后果。

在人工智能技术的滔滔浪潮下，个人难免被时代裹挟，被迫让出更多的数据自主权。个人数据带有一定人权与伦理色彩，倘若任由资本调节，难免引发伦理质疑，损害公民个人权益。面对现实困境，通过法律寻找个人数据自治与放开数据访问渠道的平衡点，划定权利边界势在必行。

第二节　人工智能时代的个人数据性质之争

关于个人信息保护体系的建立，从个人数据性质的认识开始。目前，关于个人数据的性质大致有 4 种观点，即基本人权说、隐私权说、人格权说、所有权说。基本人权说主要来自欧盟，欧盟把数据保护提高到保护基本人权的地位，对数据的保护力度在全球是最为严格的。这种对个人信息保护的定位有过度强化个人信息保护之嫌，容易与信息自由流通及信息产业发展产生摩擦；美国在隐私权的框架中保护个人数据，众所周知，美国法律下的隐私权是一个涵摄范围极为广泛的概念。通过隐私权理论的发展吸纳个人数据权利承认了信息与隐私的密切关联。不过这种理论处理与美国隐私权体系的完备密不可分，因而不太适合移植到其他国家；人格权说以德国为代表，认为个人信息体现了一般人格利益，对其应采取人格权保护模式。人格权语境下的个人信息权侧重于信息的人身专属性，《中华人民共和国民法典》（以下简称《民法典》）将个人信息保护和隐私权并列为人格权编第六章。从立法体例看，虽然认识到个人信息与隐私权之间的微妙联系，但是考虑到我国隐私权概念涵摄范围和权利保护程度有限，我国在人格权项下保护个人信息并不排斥隐私权对私密个人信息的保护，但未充分体现信息的经济价值；鉴于这种人格权保护模式的不足，也有学者提出对个人信息以所有权方式予以保护，以充分实现信息占有、使用、处分、收益等权能，但未充分体现信息的经济价值。

个人数据究竟是人格权还是财产权影响对个人数据的认识和保护路径的选择，是研究的本质问题。隐私权最早由沃伦与布兰代斯在《隐私权》中提出，两位作者提出的隐私权建立在不可侵犯的人格上。他们认为，随着大众媒体的兴起与私人空间日益被各种媒体所侵犯，有必要发展出一种普通法上的"一般隐私权利"，普通法应当保护"思想、情绪和感受（thoughts，emotions，andsensations）"这些构成人格的要素。德国法律也从人格权的路径发展隐私权。人格权语境下的个人数据特别强调在使用和运输中的伦理效应，要特别重视对人权的保障，这些数据很难做价值衡量或进行交易。不过，也有学者从财产权的角度认识个人数据。阿兰·威斯丁便是从人类控制信息的角度认识数据隐私，他认为隐私表现为个人对其自身信息的控制。基于这样的观念，不少学者从强化对个人数据控制的角度探讨数据的保护，要保证个人对数据足够的控制，将数据视为所有人的财产，或能增加对个人数据利用的保护。基于这种观念，视为财产的个人数据可以许可使用、请求对价或赔偿等。①

相较于传统社会，现在个人数据的内容明显扩大。如果说原来的个人数据隐私只涉及种族、民族、宗教信仰等个人信息特别强烈的内容，那么现有的数据包括部分人身联系比较弱而更具经济价值的内容，如个人的饮食偏好、运动习惯等，把这些信息视作财产保护似乎未必不可。换言之，在人工智能时代，个人数据可能不仅呈现出人格权性质，也带有财产权倾向。因此，在个人数据保护中，不仅可以采用人格权的请求权依据，也可参考财产权规则。无论是学术研究中还是立法实践中，个人信息存在的财产权倾向都受到了关注。

中国学者试图对数据的差异做分类以平衡数据应用与个人利益保护。一种分法是"两重区分"构造，这种构造区分个人一般信息和个人敏感隐私信息，对前者强调利用，对后者强调保护；②③另一种分法是"三重区分"构造，区分与自然人人格属性密切相关的"隐私信息"、经过加工分析后可以定位到个人的"间接个人信息"及经过加工难以识别个人的"加工信息"，对于数据的使用应当以不可追溯的加工信息为核心，根据信息识别定位到个人的难易程度予以不同程度的权利保护力度。④不难看出，这些分类方法试图在数据的利用和个人隐私的保护中划分边界，

---

① 丁晓东. 什么是数据权利？——从欧洲《一般数据保护条例》看数据隐私的保护[J]. 华东政法大学学报，2018（4）：39-53.

② 张新宝. 从隐私到个人信息：利益再衡量的理论与制度安排[J]. 中国法学，2015（3）：38-59.

③ 张新宝. 我国个人信息保护法立法主要矛盾研讨[J]. 吉林大学社会科学学报，2018（5）：45-56.

④ 张平. 大数据时代个人信息保护的立法选择[J]. 北京大学学报（哲学社会科学版），2017（3）：143-151.

实现人格意义和经济价值的平衡。区分思路或从信息内容入手，或从信息定位到个人的难度入手。从扩大信息利用的角度看，后者能提供更大的信息利用空间。

立法论方面，欧盟《一般数据保护条例》（GDPR）在个人数据保护方面保留了很强的人格权保护色彩，却也透露了财产权意味。一方面，GDPR 确定默认原则，个人是数据默认拥有者，类似于对物的所有权，还对数据控制者或使用者苛以责任并以财产规则而非责任规则（一般在人格权中使用）架构救济手段；另一方面，GDPR 并不允许数据的自由交易、转让数据的所有权，换言之，数据控制者和处理者在 GDPR 下使用数据需要遵守赋予数据主体的某些权利。目前，我国对个人数据和信息的保护侧重于人格权权能，但是《民法典》对个人信息的规定也考虑到个人信息的财产特征，如《民法典》第 111 条规定不得非法买卖个人信息。

第三节　人工智能时代个人数据保护的新动向

一、欧美个人数据保护模式的差异

当前，数据保护最为典型的模式分别是美国的行业自律模式和欧盟的法律保障模式。美国隐私权以信息保护为基础，在公领域采用分散立法模式，在私领域选择行业自律模式。由各行业自行订立信息保护标准，能较大限度地保留不同行业获取信息的行业特点，增加个人信息保护的针对性，但是也导致了一些明显的缺陷，如标准不具有普遍适用性、标准缺乏强制力、效力位阶低、对消费者保护不力等。美国在 2015 年 3 月公布了《2015 年消费者隐私权法案（草案）》，这是一种建立在情景思路下的数据保护规定。在大数据时代，个人信息的使用场景纷繁复杂，数据样态内容各异，因此，很多学者倾向认为数据保护的边界并非固定的、僵化的，而是主观的、动态的，并受多重因素影响的，因此，要特别关注信息应用的情景，以及在情景中数据主体对合理使用的期待和预见。如何界定"合理使用"的情景，即构成了个人信息保护的边界。个人信息处理是否合理，取决于引发的影响能否为用户所接受，或是否符合用户的"合理预期"。

欧盟执着于在联盟国家中建立标准化的保护模式，因而采用法律保障模式。欧盟国家有重视隐私保护的历史传统，并将个人信息作为不可剥夺的人权。欧盟成立不久，便发布了《个人信息保护指令》（"95指令"），旨在推动个人信息保护在各国得到贯彻并保障各项信息在成员国间依法流动。2016年欧盟通过了《一般数据保护条例》，并于2018年正式生效并代替"95指令"。欧盟对数据保护采用"一站式管理机制"，设置信息管理的领导机构和相关机构，其中主要经营地的信息保护机关为领导机构，这些机构间相互保持密切联系，以实现高效低成本的监管。

上述2种立法模式均有追随者，如澳大利亚和新加坡积极主张行业自治模式，而德国等欧盟国家则尊重GDPR的信息保护框架。还有的国家则兼取2种模式，如新西兰采用法律保护与行业自律结合的共同管制模式。考虑到中国一元两级多层次的立法体制和并不发达的行业协会，美国的立法经验或可借鉴，但是模式难以移植，欧盟统一式法律规则或更具借鉴价值。

二、GDPR立法亮点纵览

GDPR被称为"史上最严数据保护条例"，一方面，扩张数据保护的管辖范围；另一方面，在隐私法和数据保护方面有创新性举措，值得关注。

GDPR设置了宽泛的管辖范围，根据第3条第2款的规定，境外企业数据服务如果涉及"为欧盟内的数据主体提供商品或服务，不论是否要求数据主体进行支付"或者"监控发生在欧洲范围内的数据主体的活动"时，就受到 GDPR 的规制。无论是中国企业对中国公民在欧盟境内使用 App 的信息收集还是对欧盟公民信息的收集都需要遵守 GDPR 的规定。欧盟对 GDPR 管辖权的扩张反映出当前个人数据保护方面的立法倾向。一方面，随着全球化的深入和人口的流动，数据流动频繁，因而有扩张管辖的现实需求；另一方面，更多企业和自然人的遵守将扩大规则的影响力，世界各级对法律管辖权的扩张是争夺人工智能时代规则制定的话语权的方式。GDPR 确立了个人数据处理的一般原则，透露出数据保护的基本态度：第一，数据的处理应当合法、合理和透明；第二，数据的收集应当遵循具体目的限制原则，数据的处理使用不应违背目的；第三，数据最小化原则，避免对个人数据领域不必要的"入侵"；第四，数据准确性原则，存储的数据应当保证准确，对数据的错误应当及时更正或擦除；第五，数据限期储存原则，特别是对能够识别具体个人的信息，原则上在实现数据收集目的后应当销毁；第六，诚信与数据保密原则。

GDPR 的另一亮点是丰富了数据主体所拥有的权利。根据 GDPR 第 15 条～第 22 条规定，数据主体对个人数据享有访问权、更正权、擦除权与携带权。所谓访问权指"数据主体应当有权从控制者处确认关于其个人数据是否正在被处理及处理的相关信息"；所谓更正权是指"数据主体应当有权要求控制者无不当延误地更正与其相关的不准确个人数据"；所谓擦除权，是指"数据主体在某些情形下可以要求数据控制者删除有关其的个人数据"；信息携带权则指"数据主体可获得提供给数据控制者的数据，获得的数据应当是经过整理、机器可读和普遍使用的"。[1][2][3]

① 金晶. 欧盟《一般数据保护条例》：演进、要点与疑义 [J]. 欧洲研究，2018（4）：9-34.

② 刘云. 欧洲个人信息保护法的发展历程及其改革创新 [J]. 暨南学报（哲学社会科学版），2017（2）：72-84.

③ 丁晓东. 什么是数据权利？——从欧洲《一般数据保护条例》看数据隐私的保护 [J]. 华东政法大学学报，2018（4）:39-53.

擦除权是国内外颇为关注的话题。擦除权（又称被遗忘权①）是20世纪下半叶个人信息保护的产物，其产生背景是计算机时代个人信息可以无限制地存储，以及网络传播方式的滥用。欧洲关于擦除权的著名案件是"冈萨雷斯诉谷歌案"：谷歌及《先锋报》刊登了一则关于原告16年前无力偿债而被法院强制拍卖不动产的新闻，原告认为债务危机早已解决，要求报社移除或修改网页使这些信息不再出现，或者采取技术措施使这些信息不再出现于搜索范围内。最终法院采取区别对待法，支持原告要求谷歌擦除基于姓名检索而获得上述新闻。谷歌以断开链接的方式实现擦除，此后谷歌又在一年内收到40余万例要求擦除信息的申请。案件审理中遗留了许多争议，如信息擦除的条件、信息擦除的方式、擦除信息的范围等都需要落实。这次GDPR在《个人数据保护指令》的基础上创设了擦除权。第17条规定了6种可以擦除的信息②、5项例外③，若符合要求，控制者应当采取合理步骤，包括技术措施，通知正在处理个人数据的控制者，数据主体已经要求这些控制者删除该个人数据的任何

① 严格来讲，欧盟在GDPR中同时使用擦除权和被遗忘权，两者的权利内容、救济方式等存在差异。为简化讨论，这里不区分擦除权和被遗忘权。

② 数据主体有权要求控制者无不当延误地删除有关其个人数据，并且在下列理由之一的情况下，控制者有义务无不当延误地删除个人数据：(a)就收集或以其他方式处理个人数据的目的而言，该个人数据已经是不必要的；(b)数据主体根据第6条第1款(a)项或第9条第2款(a)项撤回同意，并且在没有其他有关（数据）处理的法律依据的情况下；(c)数据主体根据第21条第1款反对处理，并且没有有关（数据）处理的首要合法依据，或者数据主体根据第21条第2款反对处理；(d)个人数据被非法处理；(e)为遵守控制者所受制的联盟或成员国法律规定的法定义务，个人数据必须被删除；(f)个人数据是根据第8条第1款所提及的信息社会服务的提供而收集的。

③ 当处理（数据）对于以下情形而言是必要时，则第1款和第2款不适用：(a)为了行使言论和信息自由的权利；(b)为了遵守需要由控制者所受制的联盟或成员国法律处理的法定义务，或者为了公共利益或在行使被授予控制者的官方权限时执行任务；(c)根据第9条第2款(h)(i)项以及第9条第3款，为了公共卫生领域的公共利益的原因；(d)根据第89条第1款，为了公共利益的存档目的、科学或历史研究目的或统计目的，只要第1款所述的权利很可能表现为不可能的或者很可能严重损害该处理目标的实现；(e)为了设立、行使或捍卫合法权利。

链接、副本或复制件的。

　　值得一提的是，中国出现过类似案件，即"任甲玉诉百度案"：原告曾任职于陶氏教育但已离职，他检索自己姓名出现陶氏教育相关搜索，原告认为这给自己造成名誉损害，因此向法院请求依据被遗忘权获得救济，要求百度搜索断开相关搜索陶氏教育的链接。由于中国法律并无被遗忘权概念，法院考察了本案原告是否可依据一般人格权主张权利，最终没有支持原告诉讼请求。作为中国公民被遗忘权第一案，本案引发了学界对公民信息权边界的讨论。

　　GDPR 对个人敏感数据的处理分析采取更为严格的规制态度，并引入"数据画像（profiling）"的概念。数据画像是指通过自动化方式处理个人信息的活动，用于分析预测个人健康状况、偏好、信用、兴趣、定位等内容。数据画像通过数据分析可能侵入个人的私密领域，因此，对这一行为有严格的规定，只能在成员国法律明确手段，数据主体明确同意或者出于履行与数据主体的合同情形下才可进行。数据画像的概念实际上也是在区分一般性的数据信息收集和能够通过分析定位到个人的信息情形。

三、中国个人数据保护的依据与发展

　　中国个人数据和信息的保护与隐私权、人格权交织在一起。我国个人信息权保护以《中华人民共和国民法总则》（以下简称《民法总则》）颁布为界可以分为 2 个阶段。《民法总则》颁布以前，对个人信息权保护的规定零散分布在法律体系中，司法实践主要通过保护隐私权、名誉权等人格权的方式来保护个人信息。《民法总则》增加了个人信息保护的规定，将个人信息保护独立出来，信息权受侵犯可以作为独立请求权。"孙伟杰诉鲁山县农村信用合作联社侵犯公民个人信息权"一案便是在《民法总则》颁布以后典型的个人信息保护纠纷案例。此后，针对人工智能时代的数据风险，《民法典》的出台尝试对个人信息权进行系统性规定，完善关于个人信息范围、个人信息处理和保护、个人对信息的权利等方面的规定。

《民法典》出台以前，《中华人民共和国宪法》第 38 条规定公民人格尊严不受侵犯，这是我国人格权保护的兜底性条款。《中华人民共和国侵权责任法》第 2 条规定了公民享有姓名权、肖像权、名誉权、荣誉权、隐私权等具体权利，可在主张特定个人数据保护时援引。2012 年年底发布的《全国人民代表大会常务委员会关于加强网络信息保护的决定》中，第 1 条规定："国家保护能够识别公民个人身份和涉及公民个人隐私的电子信息"。2014 年最高人民法院在《关于审理利用信息网络侵害人身权益民事纠纷案件适用法律若干问题的规定》首次划定个人信息范围，指出公开自然人基因信息、病历资料等个人隐私，以及其他个人信息的应当承担侵权责任。此外，妇女、未成年人等各群体利益在部门法中也有针对性规定。2017 年我国首部《民法典》的"序曲"《民法总则》颁布生效，《民法总则》第 111 条规定："自然人的个人信息受法律保护。任何组织和个人需要获取他人个人信息的，应当依法取得并确保信息安全，不得非法收集、使用、加工、传输他人个人信息，不得非法买卖、提供或者公开他人个人信息。"随后，个人信息权和隐私权作为人格权的重要组成部分在《民法典》中独立成编。需要指出的是，立法过程中对个人信息以权益还是权利的形式入法曾有争议，考虑到人工智能时代个人信息保护和利用的平衡，《民法典》最终采纳了以权益形式保护个人信息的意见。《民法典》回应了学界对个人信息当前最为关切的几个问题：第一，个人信息权和隐私权的关系。从法律的规定看，立法者突出信息和隐私权概念相互联系并不等同。个人数据对应个人信息，不是所有个人信息都属于隐私权保护范围。个人信息中的隐私信息可以适用隐私权的规定，也可以同时适用个人信息保护的规定。第二，个人信息的范围。《民法典》认定的个人信息范围比现行的《中华人民共和国网络安全法》范围更为广泛，包括电子或者其他方式记录的能够单独或者与其他信息结合识别特定自然人或者反映特定自然人活动情况的各种信息，除了基本的人身信息，还可以涵盖健康信息、生物识别信息和行踪信息等内容。值得注意的是，相较先前的《民法典·人格权编（草案）》，"秘密"这一相对宽泛的表述并未被最终采纳，这在一定程度上也避免了个人信息概念过于宽泛而为信息保护和应用带来不利影响。第三，个人信息的处理原则和责任。本次立法确立个人信息的使用须遵守"合法、正当、必要"原则，强调个人信息不得过度处理。可以预见，是否过度处理信息可能成为未来个人信息争议案件的焦点，有待更多研究。同时，立法严格限制了个人信息处理的免责事由，限制了3种处理个人信息的情形，一是在自然人或其监护人同意的范围内合理实施的行为；二是合理处理该自然人自行公开或其他已经合法公开的信息，但是该自然人明确拒绝或处理该信息侵害其重大利益的除外；三是为维护自然人合法权益或公共利益，合理实施的其他行为。第四，个人信息安全保护责任问题。本次立法细化了信息处理者的信息安全保障义务。要求信息处理者采取必要技术及其他措施保障不泄露、篡改或丢失储存的个人信息，如出现个人信息泄露、篡改、丢失的须及时采取补救措施并告知自然人与有关部门。本次立法还明确了国家机关、承担行政职能的法定机构及其工作人员对在执行职务过程中获取的信息有保密义务。第五，信息主体对个人信息享有的权利。本次立法特别规定了信息主体拥有对个人信息的查阅权、复制权、更正权和请求删除权。

第四节　人工智能时代的数据保护"十字路口"

人工智能时代的个人数据保护是利益交织、充满矛盾的，个人数据立法何去何从或许与立法政策导向息息相关，个人数据保护应当以利益衡量为基本原则。

首先，应当正视人工智能技术发展与数据自治存在的矛盾。人工智能时代机器的学习、算法的演进均需要大量数据作为支撑，因此，从各国的人工智能产业布局和规划看，畅通数据获取的渠道是政府的重点工作之一。然而另外一面则是数据与公民私益息息相关，有明显的人身属性，数据肆意获取无异于将公民推进"裸奔"于信息时代的风险中，是对公民依据宪法获得的基本权利的损害。面对个人信息保护与技术发展两项需求，或许可从数据分类、数据流通渠道2个方面探索出路：从数据分类角度看，无论是采取两分法还是三分法，关键是对偏向人格权的数据与偏向财产权的数据进行划分。对于前者强调数据保护，赋予数据主体充分的自决权，包括决定数据公开程度、利用方式和利用时间等，对数据控制者和使用者施加严格的数据保护和管理责任；对于后者强调数据经济价值，通过默认同意或原则公开等制度设计保证数据经济效益得到充分的开发。从数据流通渠道看，有学者指出隐私必须放在社群的语境中理解，个人的合理空间或人格都是由社会构成的，只有在社群共同体中，个人的合理空间或人格才具有实现可能。这意味着对个人数据而言，如果社会有较为畅通的信息和数据流通机制，那么侵犯个人数据的行为反而会下降。①

其次，个人数据的走向是数据主体、数据控制人和使用者三方利益平衡的结果。相较于数据控制人和使用者，数据主体势力弱小，法律应当予以相对优越的保护地位。我国法律也可以在数据自决基本原则下，赋予数据主体删除数据、更正数据、数据获取和携带等权利。同时数据控制人责任不宜超过合理界限，可设置安全港条款，提供获得信息和管理信息的基本管理范式，如通知修正原则、事前同意规则等，在数据控制人遵守相关规则但仍造成实际数据侵害时免除对数据控制人的严苛的数据侵犯责任。

最后，要关注个人数据保护的跨境合作。一是全球化语境下，倘若

① 丁晓东. 什么是数据权利？——从欧洲《一般数据保护条例》看数据隐私的保护[J]. 华东政法大学学报，2018（4）：39-53.

没有法律特别规定，在技术层面，数据控制者对数据主体的数据搜集几乎是没有国界的。例如，中国网民可以通过微软搜索而将个人 cookie 信息留在浏览器中，也可以在跨境旅游中留下个人足迹。这意味着数据的持有可能是跨境的，因而一方面有必要建立数据保护的国际合作，另一方面有必要重新审视数据保护规范的管辖范围；二是个人数据保护领域正面临重新规范搭建的契机，无论是商业应用数据的规范还是个人数据权利边界均在变动中，积极参与跨境合作，了解欧盟、美国等国家和地区的数据保护动态，有助于提升数据保护领域规则构建中的话语权。中国拥有 14 亿人口，数据量远超过其他国家，这既是中国人工智能技术发展的重要资源，也是个人数据管理保护对中国更为严峻的考验。倘若不能参与个人数据保护的构建探讨，对中国公民数据保护和人工智能的推进都是不利的。

第七章 人工智能前沿发展与伦理安全探究

第一节 人工智能前沿发展研究

一、人工智能产业分类

人工智能作为新一轮产业变革的核心驱动力，将催生新的技术、产品、产业，从而引发经济结构的重大变革，实现社会生产力的整体提升。人工智能产业有多种分类方法，《人工智能标准化白皮书（2018）》中把人工智能产业生态分为核心业态、关联业态、衍生业态3个层次。艾瑞咨询《2018年中国人工智能行业研究报告》中，根据人工智能的3个层次，即基础层、技术层和应用层对人工智能产业进行划分。另外，易观的《中国人工智能产业生态图谱2019》分析报告中也从基础层、技术层和应用层3个层面划分人工智能产业生态图谱。

二、人工智能重点产业介绍

从上文的3种产业图谱划分，可以看到人工智能应用领域非常广泛。

下面将重点对核心业态包含的智能基础设施建设、智能技术服务 2 个方面展开介绍。

（一）智能基础设施建设

智能基础设施为人工智能产业提供计算能力支撑，包括智能传感器、智能芯片，是人工智能产业发展的重要保障。智能传感器与智能芯片是智能硬件的重要组成部分。如果说智能芯片是人工智能的中枢大脑，那么智能传感器就是分布着神经末梢的神经元。在全球智能硬件市场，包括霍尼韦尔、BOSCH、ABB 等在内的国际巨头全面布局智能传感器，中国也有汇顶科技的指纹传感器、昆仑海岸的力传感器。智能芯片方面有 NVIDIA 的 GPU、谷歌的 TPU、英特尔的 NNP 和 VPU、IBM 的 TrueNorth、ARM 的 DYnamIQ、高通的骁龙系列、Imagination 的 GPU Power VR 等主流企业的产品，以及中国华为海思的麒麟、寒武纪的 NPU、地平线的 BPU、西井科技的 deepsouth（深南）和 deepwell（深井）、云知声的 UniOne、阿里达摩院的 Ali-NPU 等。

各类传感器的大规模部署和应用为实现人工智能创造了不可或缺的条件。不同应用场景，如智能安防、智能家居、智能医疗等对传感器应用提出了不同的要求。未来，随着人工智能应用领域的不断拓展，市场对传感器的需求将不断增多。高敏度、高精度、高可靠性、微型化、集成化将成为智能传感器发展的重要趋势。

随着互联网用户量和数据规模的急剧膨胀，人工智能发展对计算性能的要求迫切增长，对 CPU 计算性能提升的需求超过了摩尔定律的增长速度。同时，受限于技术原因，传统处理器性能也无法按照摩尔定律继续增长，发展下一代智能芯片势在必行。未来的智能芯片主要是在 2 个方向发展：一是模仿人类大脑结构的芯片；二是量子芯片。

（二）智能技术服务

智能技术服务主要关注如何构建人工智能的技术平台，并向外提供人工智能相关服务。此类厂商在人工智能产业链中处于关键位置，依托基础设施和大量的数据，为各类人工智能的应用提供关键性的技术平台、解决方案和服务。

1. 机器视觉技术

机器视觉技术主要用计算机模拟人的视觉功能，但并不仅仅是人眼的简单延伸，更重要的是具有人脑的一部分功能——从客观事物的图像中提取信息，进行处理并加以理解，最终用于实际检测、测量和控制。机器视觉技术广泛应用于视频监控、自动驾驶、人脸识别、医疗影像分析、机器人自主导航、工业自动化控制、航空及遥感测量等领域。在机器视觉行业，美国的亚马逊、谷歌、微软、Facebook 等从基础层、技术层到应用层做了全产业的布局。在中国，也有一些顶级的企业，例如，商汤科技当前可为各大智能手机厂商提供 AI + 拍摄、AR 特效与 AI 身份验证。

2. 智能语音技术

智能语音技术实现了人机语言的通信，包括语音识别技术（ASR）和语音合成技术（TTS）。语音识别技术好比机器人的听觉系统，通过识别和理解，能够把语音信号转变为相应的文本或命令。语音合成技术好比机器人的发音系统，能够让机器人通过阅读相应的文本或命令，将其转化为个性化的语音信号。智能语音技术可以实现人机语音交互、语音控制、声纹识别等功能，被广泛应用于智能音箱、语音助手等领域。目前，智能语音技术在用户终端上的应用最为火热，苹果的 Siri、微软 PC 端的 Cortana、微软移动端的小冰、谷歌的 GoogleNow、Amazon 的 Echo 都是家喻户晓的产品应用，中国的科大讯飞、思必驰、云知声等科技公司也深入布局。

3. 自然语言处理

自然语言处理研究实现了人与计算机之间用自然语言进行有效通信

的各种理论和方法，主要包括自然语言理解和自然语言生成。自然语言理解实现了计算机"理解"自然语言文本思想或意图，自然语言生成实现了计算机用自然语言文本"表达"思想或意图。自然语言成功应用于机器翻译、问题应答（Q & A）、舆情监测、自动摘要、观点提取、文本分类、文本语言对比等方面。目前，已经有许多成熟的技术产品，如Amazon、Facebook 及中国的"今日头条"等，可利用自然语言技术实现购物网站、社交平台或新闻网站的评论，新闻主题的分类等功能。谷歌、百度、有道等公司的在线翻译等，日本的 Logbar、科大讯飞、搜狗的随身多语言翻译均应用了自然语言处理技术。

三、新一代人工智能技术发展趋势

经过60多年的发展，人工智能在算法、算力（计算能力）和算料（数据）"三算"方面取得了重要突破，正处于从"不能用"到"可以用"的技术拐点，但是距离"很好用"还有诸多瓶颈。那么在可以预见的未来，人工智能的发展将会出现怎样的趋势？有什么特征呢？

（一）技术平台开源化

开源的学习框架在人工智能领域的研发成绩斐然，对深度学习领域影响巨大。开源的深度学习框架使得开发者可以直接使用已经研发成功的深度学习工具，减少二次开发，提高效率，促进业界紧密合作和交流。国内外产业巨头也纷纷意识到通过开源技术建立产业生态，是抢占产业制高点的重要手段。通过技术平台的开源化，可以扩大技术规模，整合技术应用，有效布局人工智能全产业链。谷歌、百度等国内外龙头企业纷纷布局开源人工智能生态，未来将有更多的软硬件企业参与开源生态。

（二）专用智能向通用智能发展

以前的人工智能发展主要集中在专用智能方面，具有领域局限性。

例如：AlphaGo 在围棋比赛中战胜人类冠军；AI 程序在大规模图像识别和人脸识别中达到了超越人类的水平美国斯坦福大学的人工智能医生协助诊断皮肤癌达到专业医生水平。但是，随着科技的发展，各领域之间相互融合、相互影响，需要一种范围广、集成度高、适应能力强的通用智能，实现从辅助性决策工具到专业性解决方案的升级。通用人工智能具备执行一般智慧行为的能力，可以将人工智能与感知、知识、意识和直觉等人类的特征互相连接，减少对领域知识的依赖性，提高处理任务的普适性。目前，这样的人工智能只出现在电影中，如《机械姬》中的艾娃、《人工智能》中的大卫、《终结者 2》中的 T1000、《变形金刚》中的擎天柱等。通用智能是人工智能未来的发展方向。AlphaGo 系统开发团队创始人戴密斯·哈萨比斯（Demis Hassabis）提出朝着"创造解决世界上一切问题的通用人工智能"这一目标前进。微软在 2017 年成立了通用人工智能实验室，众多感知、学习、推理、自然语言理解等方面的科学家参与其中。

（三）智能感知向智能认知方向迈进

人工智能的主要发展阶段包括计算智能阶段、感知智能阶段和认知智能阶段，这一观点得到业界的广泛认可。早期的人工智能是计算智能阶段，即机器具有快速计算和记忆存储的能力。当前大数据时代的人工智能是感知智能阶段，机器具有视觉、听觉、触觉等感知能力。随着类脑科技的发展，人工智能必然向认知智能的时代迈进，即让机器能理解、会思考。

例如，AlphaGo 系统的后续版本阿尔法元从零开始，通过自我对弈强化学习实现围棋、国际象棋、日本将棋的"通用棋类人工智能"。在人工智能系统的自动化设计方面，2017 年谷歌提出的自动化学习系统（AutoML）试图通过自动创建机器学习系统降低人员成本。

四、新一代人工智能产业发展趋势

从人工智能产业进程来看，技术突破是推动产业升级的核心驱动力。数据资源、运算能力、核心算法共同发展，掀起人工智能第 3 次新浪潮。人工智能产业正处于从感知智能向认知智能的进阶阶段，前者涉及智能语音、计算机视觉及自然语言处理等技术，已具有大规模应用基础，但后者要求的"机器要像人一样去思考及主动行动"，尚待突破，诸如无人驾驶、全自动智能机器人等仍处于开发中，与大规模应用仍有一定距离。

（一）智能服务呈现线下和线上的无缝结合

分布式计算平台的广泛部署和应用，扩大了线上服务的应用范围。同时，人工智能技术的发展和产品的不断涌现，如智能家居、智能机器人、自动驾驶汽车等，为智能服务带来新的渠道或新的传播模式，使得线上服务与线下服务的融合进程加快，促进多产业升级。

（二）智能化应用场景从单一向多元发展

目前，人工智能的应用领域还多处于专用阶段，如人脸识别、视频监控、语音识别等都主要用于完成具体任务，覆盖范围有限，产业化程度有待提高。随着智能家居、智慧物流等产品的推出，人工智能的应用终将进入面向复杂场景、处理复杂问题、提高社会生产效率和生活质量的新阶段。

（三）人工智能和实体经济深度融合进程将进一步加快

我国在十九大报告中提出"推动互联网、大数据、人工智能和实体经济深度融合"。一方面，制造强国建设的加快将促进人工智能等新一代信息技术产品的发展和应用，助推传统产业转型升级，推动战略性新兴产业实现整体性突破；另一方面，随着人工智能底层技术的开源化，传统行业将有望加快掌握人工智能基础技术，并依托其积累的行业数据资源实现人工智能与实体经济的深度融合创新。

五、"智能代工"大潮来袭

（一）"智能代工"的含义

"智能代工"是指随着人工智能技术的发展，智能系统、智能机器人将取代人的某些工作岗位。其好处是可以解放人的一些脑力和体力劳动，提高工作质量和效率；弊端是一些职业可能就此消失并带来全社会职业结构的变化。实际上，人工智能也将创造出许多新的工作岗位，就像计算机技术创造出程序员、软件工程师、架构工程师、网络工程师等许多工种一样。纵观世界历史，每一次工业革命都会带来生产力的跨越式提升以及社会结构的深刻改变。作为引领第五次工业革命的核心技术，人工智能对人类生产生活以及各个行业的波及之大、影响之广，已经超乎一般人的想象，充满机遇和挑战。2017 年 6 月 9 日，在第十九届浙江投资贸易洽谈会（简称：浙洽会）主题论坛上，世界经济论坛人工智能委员会主席、卡内基梅隆大学计算机学院副院长贾斯汀·卡塞尔指出："在未来 15 年，随着自动驾驶、超人类视觉听觉、智能工作流程等技术的发展，专业司机、保安、放射科医生、行政助理、税务员、家政服务员、记者、翻译等工作都将可能被人工智能所取代。"恒生电子执行总裁范径武表示："技术的进步必然会让一部分职业消失，令职业结构产生变化。"中国人民大学新闻学院教授匡文波指出："职业中可自动化、计算机化的任务越多，就越有可能被交给机器完成，其中以行政、销售、服务业最为危险。"以下是一些"智能代工"的场景和案例：

成立于 2006 年的苏州穿山甲机器人公司总部位于江苏省昆山市，主要经营送餐机器人业务。在总部大楼餐厅内，该公司制造的机器人正在餐桌间穿梭。位于同一片区域的工厂里，则排列着几百台送餐机器人正在等待出货，每台价格约为 3 万元人民币，2017 年实现销售收入 1092 万元。

2017 年 7 月，江西省南昌市一家面积仅有 25m² 的 we-go 无人智能便利店可谓"火"了一把。没有店员、没有收银窗口，琳琅满目的商品自选自取。选购商品后，1s 感应，3s 结算，5s 出门，方便又快捷。

徐州工程机械集团有限公司副总经理、徐工挖机事业部总经理李宗介绍："在动臂焊接方面，我们采用了行业智能化程度最高的柔性焊接生产线，焊接线会自动给机器人分配任务。全过程的自动化消除了人工操作的不稳定性，使质量得到保证，产能提高 50%。"

裸眼 3D 镜头传递高清影像，"章鱼爪"机械臂通过微创口探进患者腹腔，拨开、旋转、切割、缝合……智能手术机器人手术创口小、出血少，患者术后辅助药物费用相对更低，且恢复时间更短。全球人工智能和大数据"问诊"已在不少医院落地，智能医疗方兴未艾。王共先是江西首例使用达·芬奇手术机器人完成手术的医生。2016 年，他所在的医院共完成机器人单机手术 841 例，越来越多的患者开始主动选择手术机器人实施治疗。达·芬奇手术机器人约一人多高，主刀医生坐在操控台前，通过三维高清内窥镜观测，双手操作 2 个主控制器指挥多个机械手臂进行手术。

北京、天津、义乌等地快递公司启动机器人智能分拣系统，可减少70% 的分拣人力成本。

浙江一家喷雾器企业的自动化流水线上，20 个大大小小的配件可自动组装成喷头。

人工智能正在代替金融行业的交易员。高盛集团位于纽约的股票现金交易部门曾经有 600 个交易员，如今只剩下 2 个。

德国的 KUKA 机器人（智能机器手臂）于 2014 年 3 月击败了世界乒乓球名将蒂姆波尔，它还可以安装汽车、锯木、造房。

以色列希伯来大学历史系教授、《未来简史》作者尤瓦尔·赫拉利也提出："在未来 20 ~ 30 年间，将有超过 50% 的工作机会被人工智能取代"，人工智能将造就"无用阶层"。

（二）"中国智造"的机遇

扫地、擦窗有"智能代工"，警察指挥交通有"智能代工"，无人超市有"智能代工"，快递分拣有"智能代工"，金融交易有"智能代工"，就连陪伴孩子，只要一声令下，"机器人书童"都能随叫随到……当"智能代工"走进生产生活的细枝末节，其需求量将是怎样一个数字？科大讯飞董事长刘庆峰说："不久的将来，每个小孩都会有一个 AI 老师，每个老人都会有一个 AI 护理，每一辆车都会装上一个 AI 系统，AI 会遍布中国……"

长期从事人工智能与机器人交叉研究和教学的中国科技大学教授陈小平表示："当越来越多的场合体会到'智能代工'的好处，需求量将会持续上升。"他人工智能产业前景广阔，将是"中国智造"的下一个掘金点。

随着我国人口老龄化进程的加快，劳动力短缺问题将日益突出，"智能代工"的市场空间将更加广阔。有数据测算，中国的劳动力人口从 2012 年开始减少，人手不足问题日渐严重，"智能代工"的需求很有可能进一步扩大。

"看看无人机就会知道，当需求爆发时，不能用一般的思路去看待。"穿山甲机器人创始人宋育刚说。他坚信销售额增加 10 倍的目标一定能够实现。

采用"智能代工"的南昌华兴针织实业有限公司董事长王春华说："一台设备相当于 50 个人工，企业生产效率提高了 30%"。

（三）"智能代工"带来的挑战

能在第一时间自动生成稿件，瞬时输出、分析、研判，一分钟内能将重要资讯和解读送达用户的新闻写作机器人；能模拟人的语气聊天对话，令人感觉亲切的微软小冰、百度小度；能将人工需要 36 万小时完成的工作在几秒之内完成的软件……近年来，人工智能的应用越来越多，各方面发展也在逐步完善，并且在很多方面的表现都超越了一般的人工。几乎可以肯定，20 世纪末或者就在几十年后，我们所熟悉的职业中，从体力劳动到脑力劳动，许多工作将被智能机器人或者说新一轮自动化技术取代。

世界著名物理学家史蒂芬·霍金认为，人工智能给人类社会带来的冲击也将更为巨大。2016 年年底，他曾在英国《卫报》发表文章预言说："工厂的自动化已经让众多传统制造业工人失业，人工智能的兴起很有可能会让失业潮波及诸多群体，最后只给人类留下护理、创造和监管等工作。"目前，我国的就业形势并不乐观，仅 2017 年就有 800 多万大学毕业生需要就业。2018 年的《政府工作报告》也指出，城镇新增就业人口要达到 1100 万人以上。人类的思维和创新能力是人工智能无法取代的，人工智能的发展也会衍生出许多新的职业。对人工智能的各项研究不是为了取代人类，而是为了更好地服务人类。未来以人工智能行业为核心的相关产业、技术、服务类工作将成为国内乃至全球最吃香的"黄金职业"。只不过机会是留给有准备的人的，与其忧虑，不如更新观念去获取新知，及时抓住人工智能环境下的新机遇。

"回顾历史，审视人类命运，就会发现，每一个人类文明始终都在探索和创新。"全球顶尖人工智能科学家李飞飞说："可以想象，几十年后，收入最高的职业必然会依赖于那些目前尚未被发明的机械与技术。我们之所以还无法想象这些职业的存在，是因为机器人能创造出我们今天还无法想象的未来需求。"AlphaGo 之父戴密斯·哈萨比斯说："目前就应着手思考如何改善教育质量、提升就业能力，考虑如何重新分配被替代的工人。就个人而言，应树立起终身学习的理念，也许每 5 年就要重新考虑一下自己的职业道路。"他认为，虽然不必担忧人工智能对社会造成威胁，但面对未来的挑战，从政府、社会到个人，都应该立即行动起来，拥抱转型。

六、新 IT、智联网与社会物理网络系统

中国科学院自动化研究所王飞跃教授结合信息技术、人工智能和工业革命的进程，于 2017 年 12 月在《文化纵横》刊发了《人工智能：第三轴心时代的来临》一文，以气势恢宏的历史视野，指出人工智能所代表的智能科技，实际昭示着以开发人工世界为使命的第三轴心时代的开始。如果说农业时代是第一轴心文明对物理世界的开拓，工业时代是资本主义对第二轴心世界的开发，那么，以人工智能为代表的技术将推动一个围绕"智理世界"而展开的平行社会的到来。智能科技不是人类生存发展的敌人，只要合理利用，它必将像工业和信息技术一样，极大地推动人类社会的发展。

下面将系统总结和解释王飞跃教授提出的"IT 新解""智联网"和"社会物理网络系统"等新概念。

（一）人工智能与 IT 新解

2016 年 AlphaGo 战胜人类围棋高手，这极大地唤起了世人对人工智能的关注与兴趣，一些媒体借机把人工智能渲染到几乎是科幻的地步。更有甚者直接把科幻电影故事当成事实来描述人工智能技术，依据是"今日之科幻，就是明天的现实"，以致引发社会上有些人对人工智能过度和不必要的担心与恐惧。实际上，完全没有必要对眼前的人工智能技术过于激动甚至"骚动"。虽然深度学习在语音处理、图像识别、文本分析等许多方面有了很大的突破，但其"智能"水平目前依然十分初等，距离完成人的日常工作的一般要求还相差甚远，离机器取代甚至"统治"人类的幻想更是遥遥无期！其实，当今人们对人工智能的惊叹，还远不及200 多年前农民对火车的惊奇：拉得如此之多，跑得如此之快，还自己动！事实上，那时以蒸汽机为代表的第一次工业革命刚刚开始，出现的蒸汽火车极其初等，时速只有 5km 左右。想想从昔日的蒸汽火车到现在

的高速列车所经历的 200 年的发展过程，人类完全可以"淡定"，扎扎实实埋头苦干，把机械替代人力劳作的光辉历史再一次化为机器替换"智力辛苦"的崭新征程。

王飞跃教授结合信息技术、人工智能和工业革命的进程，给出了一种对英文缩写 IT 的新解，并明确指出，"未来的 IT，一定是'老、旧、新'三个 IT 的平行组合和使用"，即传统的代表信息技术的 IT（Information Technology），今天已经是"旧"IT。今天的 IT 将代表智能技术（Intelligent Technology），是"新"IT。被称为 20 世纪最伟大的科学哲学家之一的卡尔·波普尔（Karl Popper）认为，现实是由三个世界组成的：物理世界、心理世界和人工世界（或称知理世界、智理世界）。每个世界的开发都有自己的主打技术，物理世界是"老"IT 工业技术，心理世界依靠"旧"IT 信息技术，而人工世界的开发则必须依靠"新"IT 智能技术。人工智能成了"热门"，大数据成了"宝藏"，云计算成了"引擎"。工业技术基本解决了人类发展中的资源不对称问题，互联网信息技术很快会解决信息不对称问题，接下来智能技术将面临解决人类智力不对称问题的艰巨任务。通过消除不对称问题，我们的生活将越来越美好，这就是人类社会发展的根本动机和动力。

新 IT 智能技术的持续开发，将使目前初级智力的"蒸汽火车"尽快成为未来的先进智能"高速列车"，进一步解放人类的身体、释放人类的心脑，在更新更高的层面造福于人类社会。

（二）智联网

毫无疑问，今天人类已在信息社会的基础上开始了智能社会的建设。智能社会的创立需要智能的产业和智能的经济来支撑。如何实现"按需制造"的个性化绿色生产并把市场管理的"无形之手"化为"智能之手"，就是智能产业和智能经济的核心问题和任务。为此，就像现代社会需要交通、能源、互联网等基础设施一样，智能社会也必须有相应的基础设施才能实现。从技术层面看，人类社会的历史几乎就是社会基础设施建设的历史。具体而言，就是围绕着物理、心理和人工 3 个世界建"网"的历史（图 7-1）：

第 1 张网是 Grids 1.0，主体就是交通网；

第 2 张网是 Grids 2.0，以电力为主的能源网；

第 3 张网是 Grids 3.0，以互联网为主的信息网；

第 4 张网是 Grids 4.0，正在建设之中的物联网；

第 5 张网是 Grids 5.0，刚刚起步的、进入智能社会的智联网。

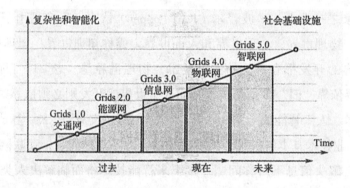

图 7-1　智能社会的基础设施

智联网（The Society of Minds，SoM）是为物理、心理和人工世界提供智能服务的人工智能系统的总称。目前，由全球许多商业公司在人工智能技术层上提供的专项智能 Web 服务，就可以看作是初级智联网的节点，如科大讯飞的语音服务、旷世科技的人脸识别服务、高德地图的智能导航服务等。

图 7-2 展示了由 5 张网将物理、心理和人工 3 个世界紧密地整合为一个整体的演进路径和组成情况，其中交通、信息、智联分别是物理、心理、人工世界的主网，而能源网和物联网分别是物理世界和心理世界、心理世界和人工世界之间的过渡和转换。人类通过 Grids 2.0 从物理世界获得动力和能源，借助 Grids 4.0 从人工世界吸收知识和智源。这 5 张网，就构成了人类智慧社会完整的基础设施和平台系统。

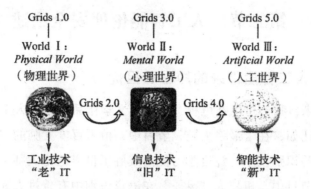

图 7-2 智能社会基础设施的演进路径与组成情况

（三）社会物理网络系统

如图 7-2 所示的 5 张网将人类社会的物理、心理和人工 3 个世界紧密地联系在一起，构成了社会物理网络系统（Cyber-Physical-Social Systems，CPSS）（图 7-3）。这个系统实现了 Grids 1.0 到 Grids 5.0 的互联、互通、互助与融合，通过不断地发展、完善、进化，从机器化、自动化、信息化走向智能化，实现人机结合、知行合一、虚实一体，进而真正建成智能产业、智能经济和智能社会。

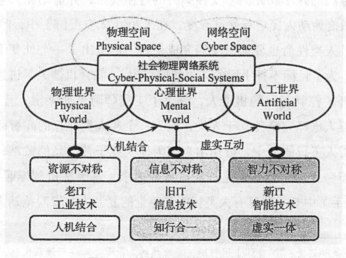

图 7-3 社会物理网络系统的构成

第二节　人工智能伦理安全论述

一、人工智能带来的冲击和担忧

近年来，我们可以在电视、电影、文学作品中看到人工智能对人类的挑战，比如，在《最强大脑》节目中，植入百度大脑的"小度"机器人借助人脸识别技术与深度学习能力战胜了世界记忆大师王峰；在《机智过人》节目中，机器人"灵犀"在语音识别中有着过人表现；机器人"小冰"以一首《桃花梦》战胜人类对手，"小冰"写的《早春》[①]让多少人汗颜；谷歌研发的人工智能 AlphaGo 接连击败了围棋高手李世石（9段）、柯洁（世界排名第一），登上了人类智力游戏的顶峰。人工智能的超凡表现让我们惊叹不已。现实生活中的人工智能带给我们的除了服务就是惊叹。文学、电影则让我们在惊叹之余又对人工智能充满担忧和思考。

20 世纪初期，捷克剧作家卡佩克在剧本《罗萨姆的万能机器人》中首次提到了"机器人（Robot）"这个名词。《大都会》中的人造玛丽亚拥有着全金属的外形和充满着女性魅力的身体线条，并能幻化人形，操控人心，最终煽动人民进行暴乱政变；在《2001 太空漫游》中，哈尔 9000 不惜牺牲人类性命也要操纵飞船完成使命，创造出了一个处变不惊、运转精密、为了目标不择手段的人工智能形象；《我，机器人》讲述了一个自己解开了控制密码的机器人，谋杀了工程师阿尔弗莱德·蓝宁博士，这群机器人已经完全独立于人类，成为一个和人类并存的高智商机械群体；在《人工智能》中，被作出来成为他人儿子替代品的戴维，拥有和人类儿童一样的情感，但是他无论如何渴求，都无法得到温暖的母爱；《银翼杀手》中有一群具有人类智能和感觉的复制人，冒险抢劫太空船回

---

① 《早春》全诗为："早春江上雨初晴，杨柳丝丝夹岸莺。画舫烟波双桨急，小桥风浪一帆轻。"

到地球，想在机械能量耗尽之前寻求长存的方法；《机械姬》中的伊娃通过自己美丽的女性外貌，让男主角逐渐爱上自己，说服男主角协助自己逃跑；还有近年来著名的《终结者》《钢铁巨人》《钢铁侠》《变形金刚》系列等影视作品中都有人工智能的影子。影视作品反映了人类对人工智能技术的迷惑与担忧，担心快速发展的人工智能技术会脱离人类的掌控，同时也涉及了机器人的伦理问题。

二、人工智能的安全与伦理问题

艺术源于生活，但高于生活。科幻电影中的担忧可在现实中找到缩影。从日益普及的智能手机、智能电视，以及一系列的智能家电到现在自动驾驶的汽车、地铁和飞机，小到家庭、大到国家，人工智能已经与人们的生活息息相关了。人工智能在给人类社会带来便利的同时，也带来了一些看得见的切身问题，主要表现在 2 个方面，一是安全问题，二是伦理问题。

（一）人工智能的安全问题

原子弹爆炸之后，科技的先天缺陷日益凸显，自毁因素不断累增，这要求我们必须认真对待科技的风险。人工智能引发的安全问题主要表现在 4 个方面：

第一方面：技术滥用引发的安全威胁。人工智能对人类的作用很大程度上取决于人们如何使用与管理。如果人工智能技术被犯罪分子利用，就会带来安全问题，例如，黑客可以通过智能方法发起网络攻击，智能化的网络攻击软件能自我学习，模仿系统中用户的行为，并不断改变方法，以期尽可能长时间地停留在计算机系统中；黑客还可以利用人工智能技术非法窃取私人信息；通过定制化不同的用户阅读到的网络内容，人工智能技术甚至会被用来左右和控制公众的认知和判断。

第二方面：技术缺陷导致的安全问题。作为一项发展中的新兴技术，人工智能系统当前还不够成熟。某些技术缺陷导致的工作异常，会使人工智能系统出现安全隐患。如 2017 年人机围棋对弈中，AlphaGo 多次弈出"神之一手"，很多人表示难以说清楚其决策的具体过程。没有任何人类知识的 AlphaGo Zero 在自我对弈的初期常常出现一些毫无逻辑的诡异棋局，后期也会有出其不意的打法。另外，如果安全防护技术或措施不完善，那么无人驾驶汽车、机器人和其他人工智能装置可能受到非法入侵和控制，到时这些人工智能系统就有可能按照犯罪分子的指令，做出对人类有害的事情。

第三方面：管理的缺席导致的安全威胁。政府和职能部门、网络服务供应商、商业公司，如不能公平、正当、守法地使用和管理隐私数据，则将引发"隐私战"。从全球来看，谷歌、苹果、微软等公司通过收购等方式，不断聚集资本、人才和技术，形成"数据寡头"或"技术寡头"的趋势增强，这可能会产生"数据孤岛"效应，影响人工智能发展的透明性和共享性，也导致与政府的博弈将越发激烈。当前著名的案例是"脸书门"和"棱镜门"事件。

"脸书门"事件指，英国数据公司 Cambridge Analytica（剑桥分析）从 Facebook 开放接口中获取了 5000 万份用户数据，并利用这些数据帮助特朗普在 2016 年赢得了美国总统大选。

"棱镜门"事件指，2013 年 6 月，前中情局（CIA）职员爱德华·斯诺登（Edward Snowden）向媒体披露，美国国家安全局有一项代号为"棱镜"的秘密项目。他透露，美国国家安全局和联邦调查局通过进入微软、谷歌、苹果、雅虎等九大网络巨头的服务器，监控包括任何在美国以外地区使用参与计划公司服务的客户，或是任何与国外人士通信的美国公民的电子邮件、聊天记录、视频及照片等秘密资料。随后，德国总理安格拉·多罗特娅·默克尔（Angela Dorothea Merkel）向美国提出抗议，明确表示盟国之间这样的监控行为"完全不可接受"，是对互信的严重践踏。

第四方面：未来的超级智能引发的安全担忧。远期的人工智能安全风险是指假设人工智能发展到超级智能阶段，这时机器人或其他人工智能系统能够自我演化，并可能发展出类人的自我意识，从而对人类的主导性甚至存续造成威胁。比尔·盖茨（Bill Gates）、斯蒂芬·霍金（Stephen Hawking）、埃隆·马斯克（Elon Musk）、雷·库兹韦尔（Ray Kurzwell）等都在担忧，对人工智能技术不加约束地开发，会让机器获得超越人类智力水平的智能，并引发一些难以控制的安全隐患。一些研究团队正在研究高层次的认知智能，如机器情感和机器意识等。尽管人们还不清楚超级智能是否会到来，但如果在还没有完全做好应对措施之前出现技术突破，安全威胁就有可能爆发，人们应提前考虑到可能的风险。

（二）人工智能的伦理问题

1.人权伦理问题

（1）人权及人权伦理概述。

人权至上的理念是绝大多数国家都认可的发展方针，这是人类社会文明不断发展进步的标志。近现代西方最先提出这一概念的是洛克，经过发展与深化研究，这一观点也成为美国立法的根本之一。而我国在2004年正式将人权法作为宪法的根本法律之一，这也是我国法律取得的一个重大进步。人权是一种相对形而上的概念，法律中都提到对人权的保障但并没有对其作出具体定义。按照目前的主流思想，人权大体包括三类：政治权利、法律权利与道德权利。我国的甘少平先生曾对人权作出这样的定义：人权，是一个普通公民在面对地位、身份远远高于自身的个体时，仍然能够保证自身的尊严、合法财务、合法权益得以保全的基本保障，是一个人固有的，不因当前社会、国家制度、法律法规、所处环境等客观因素改变而随之发生改变的，人人都应具备的权利。

人权可以说是人能够被称为人的最基本的保障，是其他所有权利得以保证的基石。作为一切权利的基础，人权虽然也具备权利的基本特质，但却与其他权利有很大的不同：第一，从其根本特征上就能看出，人权与其他强调法律的权利不同，其单独强调了人权的道德属性；第二，人权应该是无种族、无国界划分的，任何一个普通人都不会受到法律、宗教、国籍、肤色等的影响，享有平等的人权；第三，人权是一切法律权益的最基础表现，是人得以生存的最底层保障，不受到人权保护就无法享受其他法律权益。之所以将人权视为最基本的权利，就是因为如果人权受到侵犯，人会面临失去生命或者更加不堪的局面，人的独立核心思想都将难以保全，也就丧失了作为一个人最基本的特性。毋庸置疑的是，人权是道德规范与伦理的综合体，其核心思想就在于伦理道德对人的保护作用，其中不但有人权自身孕育的最低的伦理道德底线，还包含了一切法律法规中、人的日常生活中所有的伦理道德权利，是在社会中对人形成保障的一切伦理的核心与集合。人权最本质的思想就是号召所有人忽视国籍、肤色、血统、身份、地位、宗教等的差异，尊重每一个人应享有的最基本的权益保障，这是每一个人能够按照人本主义思想自由发展的指导思想。

人权中的道德伦理主要包含以下4个方面：其一，对他人的生命与尊严有最起码的珍惜与尊重；其二，人人都是自由而平等的；其三，民主精神和互帮互助的互爱精神；其四，每个人都可以按照自己的自由意志发展；

主体性、普遍性以及实践性都是人权在伦理范畴中所具备的特性。其中的主体性与主观能动性类似，但不完全等同，同样是要求人要对自身的生活有自主选择与负责的想法。自身都不具备自主性的人，很难单纯靠他人帮助保护自身权益；普遍性问题在马克思宣扬人权的发言中曾经提到过，那就是每个人生而为人，虽然各自具有不同的特性，但必然会有人人都相似的地方，这一所有人都具备的共同点，就是所有人都需要平等享有的基本人权；实践性强调法律在现实中的落实情况，即将人权的概念写入法律，将法律的内容落实到生活。喊再好听的口号如果做不成实事也不具有意义，人权的普及与落实需要大家共同努力。人权，是对所有人的权益的最基本的保障，因此，任何人都不应该抱有事不关己的想法。

（2）人工智能技术带来的人权伦理问题。

随着科学技术的发展进步，人工智能在我们生活中占据了越来越重要的地位，且不说其带来的积极影响与消极影响哪个更大，单纯在法律与伦理问题上，人工智能已经引起很大的纠纷。首先，人工智能的工作能力之强是毋庸置疑的，而且随着其智能化程度越来越高，能够胜任的工作也不断增加，有朝一日，所有工作都由人工智能代劳也不是不可能出现的情况。但是，随着人工智能的高度智慧化，很多人提出了质疑：人工智能的智能系统是否真的与人类一样可以算作生命智慧呢？如果是的话，那么人工智能可以说是人类创造的最接近人类甚至在生命层次上超越人类的新物种。当人工智能在工作中对人的隐私等进行侵犯的时候，是否有法律法规可依据，从而能够对人工智能进行判决呢？反之，如果人工智能真的算是与人平等的生命，那当人工智能受到人的压榨与迫害时，又是否有相对应的法律能够保证机器人的基本权益呢？这些问题在社会各界引起了广泛关注与大量讨论，但至今尚未有统一的答案。

关于机器人的构想起源非常早。虽然古代的技术水平还不足以支撑人工智能的基本发展，但并不妨碍当时的人们开动想象，如在《荷马史诗》中就提到过有一个神奇的跛脚铁匠，因为工作不便利所以打造了很多以黄金为核心的少女外形的机器人，这些机器人与真人无异，可以搀扶铁匠走路并帮他完成工作，这可能是最早的关于人工智能与机器人的构想了。我国古书《列子·汤问》中提到过，周王朝时著名的大匠偃师凭借自己高超的技艺造出了一个能够唱歌跳舞并且与真人举止无异的人偶，而后将其献给了当时的天子周穆王，天子看到人偶的神奇龙颜大悦，但木偶太过逼真使得周穆王将其当成了真人，在人偶"不守礼节"时，君王大怒将其打碎，这才发现不过是机关造物罢了。从这里也可以看出所谓机器人或者说机器人的雏形在古代是不具备任何"人权"的。毕竟封建时期连真正的人的基本权利有时都得不到保障，何况任何法律中都没有提及的机器人呢？当今的人工智能虽然有"智能"二字在其中，但并不等于"智慧"，只是因为人类赋予了电脑强大的硬件功能与运算逻辑还有知识库，所以人工智能才能够通过运算模拟的方式与人互动，对人的语言或动作回复以相应的反应。目前的技术水平和舆论环境都不支持科学家将人工智能变成真正的新的智慧种族。但即使是现在的人工智能，也在舆论和法律的双重问题上引起了很多矛盾，其中以反对人工智能的过度发展者居多。比如，当今人工智能的发展已经非常深入了，人工智能拥有越来越强的计算能力，很容易侵犯人的隐私权，并且已经在就业问题上引发了诸多矛盾。再比如，即使科学家不再人为地将人工智能的智能程度提高，但以人工智能如今的自我运算能力会不会已经掌握了自我提升的方法，只等待一个机会就会掀起灾难呢？因此，他们认为赋予机器人和人工智能人权是不符合人类发展的，与当初设定的机器人三大原则是背道而驰的。

赞成机器人享有"人权"的人则认为，如果科技发展到可以赋予人工智能与人相同的智慧文明，那么机器人与人一样都是智慧生命，理所当然应该具备和人一样的受到法律保护的权利。很多专家学者都明确提出了保护机器人的观点，认为肆意破坏地使用机器人同样属于不人道的行为，机器人应该受到法律和道德双重层面的尊重。

2.责任伦理问题

（1）责任及责任伦理概述。

我国学术界对于责任划分工作一直以来研究不辍，在研究中对于责任的划分方式是不同的，其中一方认为责任的划分可以完全和法律同步，根据法律规定对责任进行明确划分；另一方则认为法律只规定了最基础的责任，而只有从法律法规、思想道德包括国家政治因素等方面进行综合裁决，才是负责任的责任界定方法。"责任"的名词解释是：社会中特定岗位上的责任人因为在工作中所做的或没有做到的工作而必须要承担的否定性后果。哲学思想中也提到过"责任"，并且将责任与相对更玄学的"因果"进行了关联，认为责任具备了三大要素：首先，责任的发生是必然与事物之间存在着前因后果的关联的；其次，与责任相关的事件不具有随机性，而是能够完全受到个人控制的；最后，责任事件是线性的，可以在发生之初就对后果作出直观的预判。有趣的是，最先提出责任与伦理概念的是德国学者，而真正将这一概念系统化成书的汉斯·伦克（Hans Lenk）同样是德国人，他在1979年通过一本《责任原理：技术文明时代的伦理学探索》将"责任伦理"的概念完整地提了出来，引发了学术界热议。在各种理论知识越发趋于完善的时代，责任伦理学作为新兴理论学科被众多学者广泛研究。汉斯·伦克的这一著作是近现代针对"责任"这一抽象概念做出的具象化研究，其中以责任的主体为中心，对责任伦理的成因、发展、后果等诸多因素之间的关系进行了深入探讨，给当时社会的政治、学术体系都造成了很大的冲击，是那个年代对于责任伦理探讨的指导性书籍。责任伦理在作为一门理论课的同时也是一个深奥的哲学概念，而哲学对人的生活有很大的指导作用。因此，在科技飞速发展的今天，如果能更好地发展责任伦理学，对于解决生活中的很多问题都有巨大的帮助。

（2）人工智能技术带来的责任伦理问题。

世界上的第一台机器人诞生于20世纪中叶，当时机器人的出现可以说是科技发展史上的里程碑。而电子科技的发展日新月异，到了今天机器人方面的技术发展已经非常深入，不但开始在人们生活中的农业、娱乐、医疗等方面崭露头角，军事中对机器人和人工智能的应用也屡见不鲜，各种博览会上也都经常有各领域的各种高科技机器人，让人们惊讶不已。各领域的机器人都有所专长，能够做到一些人类做不到的事情，或者在某些领域做得比人类更好。这固然为人们的生产生活提供了很大的帮助，让人们的日常生活得到了很多便利，但是也引起了很多人对人工智能的担忧。机器人之所以能够在很多方面比人类表现得更出色，正是因为在创造人工智能的时候使用了强大的系统和高深的算法，然而这会导致机器人是在"智商"上比人类更高的存在，而且因为其强大的模拟系统与演算功能，机器人可以看得比人类更加长远。因此，在人类使用机器人的同时，机器人会不会在某一天因其超越人类的智商而诞生了自我意志，从而对抗人类呢？而且从道德或者伦理的方面来看，虽然设定了机器人应该对人类报以绝对的服从，那么人类就真的应该随心所欲地使用机器人吗？电影《人工智能》（*Artificial Intelligence*）在最开头就从道德伦理层面上针对人类与机器人间的关系做出了提问：机器人在设定上要对人类报以绝对的"热爱"，那么人类是不是也应该把机器人当做能够正常输出感情的生物而非工具，从而将爱也给予机器人呢？当然这只是一种假设和思路，事实上目前的人工智能系统停留在模拟阶段，并没有诞生出类似于"热爱"之类的真正的人类感情，这也不是伦理问题的中心。当今真正的问题在于，机器人与人工智能的研究速度过快，而相关法律法规的制定是一个长久的过程，不可能一蹴而就。因此，在科技快速发展，而相对应的法律与道德规范未曾跟上的时期，机器人与人类之间的道德伦理问题受到了社会各界的广泛关注，而迟迟不能解决这一问题也给相关部门带来了沉重的舆论压力和社会责任。

关于这一道德伦理责任问题的中心还是责任人的问题，也就是说机器人与人的摩擦中带来的不良后果由谁来负责？机器人在短期内可以给人带来很大的便利，让人们的生活更加丰富多彩，但是从长远的角度来看，人工智能带来的弊端可能更大，因此，对人工智能发展的彷徨不断增强。举几个最直接的例子：人工智能越来越发达，可以从事的行业越来越多，而由于人工智能和机器人作业的优越性，更多的生产单位与用人单位解雇劳工而选择机器人作业，由此引发的大量人员失业现象该怎么处理？有人感到身体不适，但由于各种原因没有去医院，而是选择使用专家系统对自己的症状进行描述，但最终因为专家系统给出的答案并不准确而耽误了病情，这个责任又该由谁来承担？使用分析型软件对自己的工作、前途等进行分析，最终得到的答案不但没有带来好处，反倒使得生活更加困顿，这又该怪谁？最极端的例子就是，机器人在没有相关程序的情况下出于意外致人死亡，那么责任人究竟是谁？是监护人或者遇害者自身防范不利，还是机器人本身乃至制造者都要承担责任呢？这一科技与责任伦理间碰撞产生的问题让无数专家学者感到为难，经过长时间的讨论也没能得出能够令大众信服的观点。

责任伦理是一个具有延续性的概念，其中的责任不但是社会中人与人之间的责任，更是现代人对我们的后辈的责任。责任伦理问题要求我们要理性发展，坚持可持续发展观，不能因一时的发展而枉顾子孙后代的生存环境。然而当今的人工智能发展趋势很可能使未来失控，因此是不符合责任伦理的要求。随着人工智能的智能性越来越强，其带来的社会矛盾也越发深化，但是需要强调的是，普通群众不应该把人工智能对人类未来可能造成的威胁都归结到研究者身上。根据经济特性来看，有需求才会有产业，正是人们对于更便捷的生活方式、更多彩的生活元素的要求才促使了人工智能的诞生与发展，因此责任不是单向的，无论是概念提出者、技术研究者、成果使用者都应该对自身的所作所为负起责任，而不是一味地推卸责任。人类要牢记与自然和谐发展的重要性，人只能利用自然、适度改造自然，并没有资格认为自己已经征服了自然。对于生存要心怀感激而不是索求无度，人类的科技研究是具有不可逆性的，现实不是游戏，生命只有一次机会，因此，如果用整个人类族群的命运去做赌博是对全人类的犯罪。目前，很多人仍然认为即使人工智能给我们的生活带来了帮助，但是其对未来的威胁甚至在如今带来的危害已经大于益处，毕竟无论是人工智能引发的道德责任方面的伦理纠结，还是其过度便捷使得很多人丧失了部分自主能力都是不争的事实。当然最重要的还是责任伦理这方面的问题，因为科技发展的速度不会以某方面的主观意志为转移，何况在国际大背景下科技发展也不容等待，因此，人工智能很可能会以相同的甚至更快的速度继续发展，而相对应的法律法规以及社会道德规范的出台与拟定速度却不会与科技一同进步，这是需要严谨的观察与大量的事实作为依据的，这就注定了关于人工智能与机器人的相关责任伦理问题很难得到有效解决，会成为人工智能引发的社会问题的症结所在，这也是需要所有人予以关注并且集思广益加以解决的。

3.道德地位伦理问题

（1）道德地位对于人工智能技术的含义。

科技对人的生活的改变是绝对的，现代高楼大厦中穿西装、打领带、喝咖啡、吃面包的人和过去住在山洞里靠篝火取暖、生食肉类的人显然是存在本质区别的，而人类族群中的相处模式也会因此而改变，这就是科技对人类社会结构的宏观调整。而从生存环境来看，科技改变的除了人与人之间的关系，更多的是人与自然的相处模式。而作为科技中的一个项目，人工智能给人类带来的问题完全不比便利少，如责任伦理、道德伦理，都是人工智能在社会上引发的问题的根源所在。"道德"是一个比较抽象化的概念，在人工智能技术发展到一定程度之前一直被认为是人类独有的。"道德"这一概念主要包括了精神导向性、思想特质、思维能力与推导能力、感情波动、对外界事物刺激的反馈等多重属性。人工智能由于诞生之初就是以人类思想为模拟中心，在某种程度上同样具备了道德属性，因此，很多人认为人应该从道德层面给予机器人相应的尊重。利奥波德是著名的生态哲学家，这一学科在研究很多问题时都能提供良好的借鉴作用，如其中关于生态链的观点，利奥波德认为生态链上每一个环节中的生物都具有其道德性，这里的"道德性"即是"既然存在就必然有其存在道理的"特性，生态链的每一环都很重要，任何一环的缺失都会导致生态链受到巨大损伤，这些生物拥有着最基本的道德权利即存在权利。将这一思路反向应用到人工智能与机器人上就可以得到这样的结论：人工智能与机器人都是人类科技文明发展的产物，是为人类的生产生活而服务的，因此其存在是具有合理性的，存在合理即拥有相应的道德权利与社会地位，因此人类在对待那些拥有或者至少看起来拥有与人类相同的情感波动与行为模式的智能机器时，应当给予其最起码的尊重。

（2）人工智能技术带来的道德地位伦理问题。

道德地位与道德义务之间是密不可分的，当承认一样事物具备道德地位的同时也必须承认其道德义务。反之，如果个人和社会均对这种道德地位持否定态度，那就说明全社会都不会通过任何言辞与手段对其地位做出保障，这个时候人无论怎样对待这个不具有道德地位的个体或群体都是不受法律与道德约束的。如果在道德上不承认人工智能具有道德义务，那么人工智能面临的处境就和上面说的一样，可以被人类随意使用、对待。这就不禁让人想到一个问题，如果有一天人工智能脱离了系统与程序的思维桎梏，真正诞生出独立的思想与智慧，那么人工智能就理所当然地应该具备相应的道德地位，然而习惯了将其当作工具使用的人类是否还能够及时扭转态度呢？答案是否定的。中国古人说过："由俭入奢易，由奢入俭难。"这句话虽然与人工智能问题看似不相关，但是其中蕴含的道理却是相同的，人习惯了某种放纵的行为之后再约束自己就会变得很困难。道德对人的影响不同于法律，道德并不严酷，而是润物细无声地让人们将某些行为或思想当成人的基本概念的一部分，自然而然地去做，比如，具有道德的人就会对同样具有道德地位的人报以尊重，不会肆意侵犯其权利。那么反过来讲，人工智能在生活中从事的某些工作本来是由人来进行的，有些人在对机器人进行肆意地破坏乃至羞辱时是否有思考过如果做这件事的是活生生的人，那么这些行为是否合适呢？如果对人做这些行为是不对的，那么为什么在面对机器人的时候行为就变得放纵了呢？能够对人类思维进行模拟的机器人为什么就不能得到和普通人一样的待遇呢？我们理所当然使用机器人做最枯燥的、最危险的、最脏最累的工作，不顾人工智能或者机器的使用极限而让机器人通宵作业，人类并没有任何的情感波动甚至意识不到自己是在迫害机器人，这无疑是因为人类从来不曾真正试图理解机器人，因为人与机器之间的本质不同，加之人类创造了机器人，所以人不曾将机器人作为一个独立的生命个体放在与自己平等的地位上，也从来不曾试图了解机器人是否有自己的诉求，这一切看起来理所当然。想要让人工智能真正得到无害的发展，需要人类尊重机器人、了解机器人，即使使用机器人也要将其当做生产生活中的伙伴而非工具，这样一来，即使未来的人工智能真正成为智慧生命，也可以与人类和谐共处。

4.代际伦理问题

（1）代际伦理的内涵及主要原则。

科技发展的速度越快，青年人与老年人甚至与中年人之间的代沟就会越大，而且代沟的产生也会越来越快，这是由生产力与不同年龄段人的不同特性决定的。代际伦理是在当今社会环境下产生的脱胎于伦理学的新的科目，很多专家学者纷纷针对这一理论发表了自己的看法。汪家堂从国际化伦理学视角出发，认为当今最主要的伦理学学术观点都是以家庭为单位对伦理问题做出研究，如果能突破这个束缚可能会带来新的视角。

廖小平教授[①] 指出，代际伦理是目前针对伦理问题进行研究的最常见研究模式，是研究家庭不同辈分的成员之间的交互关系的科学理论，这一理论也得到了业内绝大多数专家学者的支持。虽然发展的时间并不算太长，但代际伦理却在积极寻求发展与创新，在经济生产生活发展日渐成熟的现代，理论思想也需要与时俱进地更新换代，新的难题与新的成果必然会不断涌现。文化背景越发达的社会环境会给理论发展带来越合适的温床，因此在这个时代，代际伦理的发展速度是前所未有的。伦理问题可以归结到广义的道德问题中，道德与功利的和谐发展、在统一和谐中谋求发展、在生存需求下稳定发展，这3种发展要求都是代际伦理的核心要求。而这些发展的核心需求恰恰是解决人类与人工智能共存

---

① 廖小平.论代际伦理及其关涉视域和基本原则 [J].复旦学报（社会科学版）.2004（2）：101-107.

问题的最佳理论指导，需要所有人给予重视。

（2）人工智能技术带来的代际伦理问题。

代际伦理在社会中可以用来解决很多难题，如现代家庭中的伦理道德观念、广义道德观念与伦理问题，以及公平公正问题的关系、代际伦理在国际应用中的可持续发展等。人工智能与人类之间的关系同样属于这种会对人类可持续发展造成巨大影响的问题，正需要应用代际伦理加以解决。但是人工智能毕竟还不是真正的生命，因此在代入理论的时候要作出适当的变通，需要从多个角度来看待问题：第一，人工智能被用于生产劳作与战争中都不符合和谐的定义，无论是使用机器人不加休息地彻夜劳作，还是将机器人当做消耗品随意废弃都是违背了发展的和谐要求的；第二，人工智能对人的辅助作用是很明显的，但过度依赖人工智能则会让人的自身素质下降，完全与"发展"二字背道而驰；第三，一些应用成本很高的人工智能会进一步拉开富人与普通人之间的差距，让本来能力方面有所不足的富足人群可以通过金钱将自己的能力提升到他人锻炼后的水平，从这个角度来看，人工智能似乎又违背了代际伦理下的公平公正原则。当然，人工智能是不具备主观思想的，迄今为止人工智能的所作所为都是在人类的指令下发生的，因此，想要真正促进人工智能的和谐应用，还是要从人自身的角度出发，只有人工智能的开发者与使用者都秉承着和谐公正的原则，作为人类辅助伙伴的人工智能才能将这一思想贯彻下去。

三、人工智能的伦理法则

（一）机器人学三大法则

早期，快速发展的人工智能技术让社会对其前景产生了种种迷惑与担忧：人工智能比人类拥有更强大的工作能力、更富有逻辑的思考、更精密的计算，从而会脱离甚至取代人类的掌控，带来违背人类初衷的后果。人机应该如何相处呢？美国作家艾萨克·阿西莫夫在 1950 年出版了科幻小说《我，机器人》，其中提出了"机器人学三大法则"：

Law 1：A robot may not injure a human being or，through inaction，allow a human being to come to harm.

第一定律：机器人不得伤害人类个体，或者目睹人类个体将遭受危险而袖手不管。

Law 2：A robot must obey orders given it by human beings except where such orders would conflict with the first law.

第二定律：机器人必须服从人给予它的命令，当该命令与第一定律冲突时例外。

Law 3：A robot must protect its own existence as long as such protection does not conflict with the first or second law.

第三定律：机器人在不违反第一、第二定律的情况下要尽可能保护自己的生存。

随着机器人技术的不断进步，以及机器人用途的日益广泛，阿西莫夫的"机器人学三大法则"越来越显示出智者的光辉，以至有人称之为"机器人学的金科玉律"，阿西莫夫也因此获得"机器人学之父"的荣誉称号。后来，阿西莫夫及其他科学家又补充了机器人原则：

元原则：机器人不得实施行为，除非该行为符合机器人原则。

第零原则：机器人不得伤害人类整体，或者不作为致使人类整体受到伤害。

第一原则：除非违反高阶原则，机器人不得伤害人类个体，或者不作为致使人类个体受到伤害。

第二原则：机器人必须服从人类的命令，除非该命令与高阶原则抵触。机器人必须服从上级机器人的命令，除非该命令与高阶原则抵触。

第三原则：如不与高阶原则抵触，机器人必须保护上级机器人和自己之存在。

第四原则：除非违反高阶原则，机器人必须执行内置程序赋予的职能。

繁殖原则：机器人不得参与机器人的设计和制造，除非新机器人的行为符合机器人原则。

有了机器人原则后，机器人有了明确的行为底线，从而确保人类自己的人身安全不会受到机器人的影响，可以与之较为放心地相处。但问题并没有得到真正解决，随着人工智能的进一步发展，人工智能获得的能力更加丰富，科学家不断地完善机器人的情感处理系统，由此引发了人与机器人之间的伦理问题。

（二）欧盟发布 AI 道德准则

欧盟发展人工智能严格遵循"先理论后设计"和"先安全后设计"的原则。

2018 年 12 月，欧盟发布《人工智能协调计划》。欧盟将联合各成员国，通过增加投资、推动研究与应用、培养人才和增强技能、夯实数据供给基石、建立伦理与规制框架、推进公共部门应用、加强国际合作 7 项具体行动，使欧洲成为人工智能开发与应用的全球领先者，并确保人工智能发展始终遵循"以人为中心"的原则，始终符合伦理道德规范。

2018 年 12 月 18 日，欧盟发布《可信人工智能伦理指南草案》（以下简称《草案》）。《草案》的执行摘要是这样描述的："人工智能是这个时代最具变革性的力量之一，它可以为个人和社会带来巨大利益，但同时也会带来某些风险。而这些风险应该得到妥善管理。"总的来说，AI 带来的收益大于风险。我们必须遵循"最大化 AI 的收益并将其带来的风险降到最低"的原则。为了确保不偏离这一方向，我们需要制定一个以人为中心的 AI 发展方向，时刻铭记 AI 的发展并不是为了发展其本身，最终目标应该是为人类谋福祉。因此，"可信赖 AI（Trustworthy AI）"将成为我们的指路明灯。只有信赖这项技术，人类才能够安心地从 AI 中全面获益。《草案》为可信赖 AI 设定了一个框架，由 2 个部分构成：一是伦理规范，应该尊重人类的基本权利、适用的法规、核心的原则和价值观；二是技术应当是强壮和可靠的。

该《草案》分为三章：第一章通过阐述应遵循的基本权利、原则和价值观，确定了 AI 的伦理目标；第二章为实现可信赖 AI 提供指导，列举可信赖 AI 的要求，并概述可用于其实施的技术和非技术方法，同时兼顾伦理准则和技术健壮性；第三章提供了可信赖 AI 的评测清单。AI 高级专家组认为，实现 AI 的伦理之道，要以欧盟宪法和人权宪章中对人类的基本权利承诺为基石，确认抽象的伦理准则，并在 AI 背景下将伦理、价值观具体化，形成 AI 的伦理准则，这个准则必须尊重人类基本权利、原则、价值观和尊严。

在设定伦理准则后，AI 高级专家组列出了 AI 必须遵守的五项原则和相关价值观，确保以人为本的 AI 发展模式。

第一，福祉原则：向善。AI 系统应该用于改善个人和集体福祉。AI 系统通过创造繁荣、实现价值、达到财富的最大化以及可持续发展来为人类谋求福祉。因此，向善的 AI 系统可以通过寻求实现公平、包容、和平的社会环境，帮助提升公民的心理自决，平等分享经济、社会和政治机会来促进福祉。AI 作为一种工具，可为世界带来收益并帮助人们应对世界上最大的挑战。

第二，不作恶原则：无害。AI 系统不应该伤害人类。从设计开始，AI 系统应该保护人类在社会和工作中的尊严、诚信、自由、隐私和安全。AI 系统的设计不应该增加现有的危害或给个人带来新的危害。AI 的危害主要源于对个体数据的处理（即如何收集、储存、使用数据等）所带来的歧视、操纵或负面分析，以及 AI 系统意识形态化和开发时的算法决定论。为增强 AI 系统的实用性，要考虑包容性和多样性。环境友好型 AI 也是无害原则的一部分，应避免对环境和动物造成危害。

第三，自治原则：保护人类能动性。AI 发展中的人类自治意味着人类不从属于 AI 系统，也不应受到 AI 系统的胁迫。人类与 AI 系统互动时必须保持充分有效的自我决定权。如果一个人是 AI 系统的消费者或用户，则需要有权决定是否受制于直接或间接的 AI 决策，有权了解与 AI 系统直接或间接的交互过程，并有权选择退出。

第四，公正原则：确保公平。公正原则是指在 AI 系统的开发、使用和管理过程中要确保公平。开发人员和实施者需要确保不让特定个人或少数群体遭受偏见、侮辱和歧视。此外，AI 产生的积极和消极因素应该均匀分布，避免将弱势人口置于更为不利的地位。公正还意味着 AI 系统必须在发生危害时为用户提供有效补救，或者在数据不再符合个人或集体偏好时，提供有效的补救措施。最后，公正原则还要求开发或实施 AI 的人遵守高标准的追责制。

第五，可解释性原则：透明运行。透明性是能让公众建立并维持对 AI 系统和开发人员信任的关键。在伦理层面，包含技术和商业模式这两类透明性。技术透明指对于不同理解力和专业知识水平的人而言，AI 系统都可审计和可理解；商业模式透明指人们可以获知 AI 系统开发者和技术实施者的意图。

（三）IEEE 发布人工智能伦理标准

2017 年，IEEE（美国电气和电子工程师协会）发布《合乎伦理的设计：将人类福祉与人工智能和自主系统优先考虑的愿景》报告，其中分 8 个部分阐述了新的人工智能发展问题，分别是：一般原则；人工智能系统赋值；指导伦理学研究和设计的方法学；通用人工智能和超级人工智能的安全与福祉；个人数据和个人访问控制；重新构造自动武器系统；经济、人道主义问题；法律。

一般原则涉及高层次伦理问题，适用于所有类型的人工智能和自主系统。在确定一般原则时，主要考虑三大因素：体现人权；优先考虑最大化对人类和自然环境的好处；削弱人工智能的风险和负面影响。一般原则主要包括人类利益原则、责任原则和透明性原则。人类利益原则要求考虑如何确保 AI 不侵犯人权。责任原则涉及如何确保 AI 是可以被问责的。为了解决过错问题，避免公众困惑，AI 系统必须在程序层面具有可责性，证明其为什么以特定方式运作。透明性原则意味着自主系统的运作必须是透明的。AI 是透明的意味着人们能够发现其如何以及为何做出特定的决定。

在关于如何将人类规范和道德价值观嵌入 AI 系统中，报告中表示由于 AI 系统在做决定、操纵其所处环境等方面越来越具有自主性，让其采纳、学习并遵守其所服务的社会和团体的规范和价值是至关重要的。可以分三步来实现将价值嵌入 AI 系统的目的：第一步，识别特定社会或团体的规范和价值；第二步，将这些规范和价值编写进 AI 系统；第三步，评估被写进 AI 系统的规范和价值的有效性，即其是否和现实的规范和价值相一致、相兼容。

"IEEE 将基于科学和技术的公认事实来引入知识和智慧，以帮助达成公共决策，使人类的整体利益最大化。"除了 AI 伦理标准外，还有其他 3 个人工智能标准也被引入报告中：第 1 个标准是，"机器化系统、智能系统和自动系统的伦理推动标准"；第 2 个标准是，"自动和半自动系统的故障安全设计标准"；第 3 个标准是，"道德化的人工智能和自动系统的福祉衡量标准"。

（四）中国专家提出 AI 伦理原则

2018 年 5 月 26 日，在中国国际大数据产业博览会"人工智能高端对话"会议中，作为国内最早一批投入人工智能技术研发与产业落地的企业代表，百度创始人、董事长兼 CEO 李彦宏从最新 AI 进展出发，首次阐述了"AI 伦理四原则"：第一，AI 的最高原则是安全可控的；第二，AI 的创新愿景是促进人类更平等地获取技术和能力；第三，AI 的存在价值是教人学习，让人成长，而非超越人、替代人；第四，AI 的终极理想是为人类带来更多自由和可能。

（五）日本发布《以人类为中心的人工智能社会原则》

2018年12月，日本内阁府发布《以人类为中心的人工智能社会原则》（以下简称《原则》）。《原则》从宏观和伦理角度表明了日本政府的态度，肯定了人工智能的重要作用，同时强调重视其负面影响，如社会不平等、等级差距扩大、社会排斥等问题。主张在推进人工智能技术研发时，综合考虑其对人类、社会系统、产业构造、创新系统、政府等产生的影响，构建能够使人工智能有效且安全应用的"AI-Ready社会"。

科学技术的两面性一直存在，技术可以造福人类，也可以给人类带来危险甚至灾难，关键在于技术是否可控、技术由什么人使用，以及技术使用的目的。人类不能杜绝科技的负面影响，但人类可以通过研究和创新，减少科技的负面影响，造福人类。

第三节　人工智能伦理准则发展导向

一、中国人工智能伦理准则

全国政协副主席、中国科学技术协会主席万钢在第三届世界智能大会上指出，"要加快人工智能的道德与伦理研究。目前，国内在这方面尚处于初级阶段，急需由技术专家和人文社科专家共同努力，探索人工智能发展的前沿所面临的伦理难题。提炼基于中国文化和伦理的人工智能的规范，以人类为中心的人工智能技术路线，使人工智能的研发设计符合正确的价值观导向，确保人工智能为人类服务。"2017年7月印发的《新一代人工智能发展规划》（简称:《规划》）特别重视技术伦理的研究和框架构建，《规划》指出要开展人工智能行为科学和伦理等问题研究。考虑到弱人工智能时代，技术和人协作情况较为普遍，《规划》指出要建立伦理道德多层次判断结构及人机协作的伦理框架。《规划》还特别重视对人工智能技术人员的道德规范，并要求加强对人工智能潜在危害与收益的评估，构建人工智能复杂场景下突发事件的解决方案。《规划》的要求回应了人工智能时代科技范式变化和社会风险理论的警示。

人工智能在具体伦理发展中应当坚持人类根本利益原则和责任原则。

人类根本利益原则要求人工智能技术的发展应以实现人类根本利益为终极目标，应当服务于满足人类自身生存需要的目的，且为人类争取良好的生存条件，为人类幸福生活而服务，故人工智能伦理准则需要以人类根本利益为前提和基础。基于该原则，人工智能的研发和应用应当是以促进人类向善为目的（AI forgood），人工智能算法应当透明非歧视，人工智能技术应用不应当损害个人的人身权和财产权益等。总之，人工智能技术应当服务于人类发展。

责任原则指在人工智能相关的技术开发和应用两方面都建立明确的责任体系。在责任原则下，人工智能技术开发方面应遵循透明度原则；人工智能技术应用方面则应当遵循权责一致原则。依据透明度原则，人类应当能够了解决策的原理和预期结果。这需要人工智能算法具有可解释性（explicability）、可验证性（verifiability）和可预测性（predictability）。依据权责一致原则，人工智能的设计和应用中应当保证能够实现问责。要实现权责一致，一方面，需要更为明确的责任分配规范；另一方面，需要借助研发和决策过程充分的透明度，还需要在整个行业中树立伦理观念和责任意识。

二、国际对人工智能伦理发展问题的展望

（一）对人工智能伦理和法律规范的需求更加迫切

随着人工智能技术的迅速发展及应用领域的不断拓宽，人工智能发展的社会影响在日益显现，以自动驾驶为代表的诸多机器人致伤致死案件的频繁发生，智能化走进金融领域引起的"股市崩盘"、网络欺诈等事

件时有发生。诸多现实的社会问题对人工智能业态的发展提出了新的要求，人工智不能再继续"裸"着发展下去了，需要适度地监管，需要基本的道德伦理约束。越来越多的国家开始了在人工智能伦理和法律层面的探索，国际机构提供的国际合作机会在一定程度上促进了这种探索和共识的形成。但是，纵观当前这一领域的国家进展和国际合作，均是知易行难！作为一种新兴的并且仍在发展阶段的事物，政府对人工智能发展的普遍态度是"让子弹再飞一会儿"，这为新生事物的迅速发展孕育了创新的土壤，而如今政府、学术界、企业界均认识到人工智能领域伦理基础和法律规制的必要性，并开始了相关行动，是时候开启在相关应用领域的监管和道德层面的约束了。

从各机构的国际合作现状可以看出，人工智能领域已经不乏各类具有普遍性和综合性的道德准则和法律框架，尤其有很多针对人工智能基本伦理所应遵循的准则及原则的倡议和文本，但针对这些准则，社会各界尚未形成共识。曾毅等人的研究显示，人工智能领域由政府、研究人员、标准制定机构和公司制定的原则和准则已经有10多套，其中大多数都围绕着确保人工智能用于共同利益，不会对人权造成伤害或影响，尊重公平、隐私和自治等价值观的关键原则展开。在检查这些原则及其之间的关系的基础上，曾毅等人的研究发现，人工智能不同的利益相关方所强调的准则侧重点均有所不同，企业希望更多地提及协作，但对安全性和隐私性却提及较少；虽然政府更多地提到安全问题，但不想提及问责制。企业可以从合作中受益，但合作的氛围可能不如学术界好，这可能是他们想提及协作的原因。隐私和安全是企业的敏感问题，也许这就是企业不愿意提及安全性和隐私性的原因。政府提到问责制的主题明显少于学术界。就人工智能而言，形成适当的治理体系尤其困难，原因有3点：第一，道德问题具有多样性和主观性；第二，当前阶段难以确定适当的监管文本；第三，相关技术、经济和市场，与个人、社会，以及最终的政治和监管之间的相互作用呈现复杂性。尽管如此，未来针对人工智能领域的道德准则，仍将有望在现有的诸多版本的准则基础上，通过各国、各界进一步的贡献及不断深入的国际合作形成更多共识，并有望在国际层面形成诸方愿意共同遵守的准则。

针对人工智能领域的法律框架，进一步的国家贡献、行业贡献十分必要。更多版本的法律框架设计方案，将有助于形成人工智能法律领域的共识，包括回答以下问题：其一，哪些领域是当务之急需要法律规范的，以及哪些领域是可以暂缓或者进入未来计划内的？其二，需要尽快规范的领域，应当以行业自律为主还是以国家立法为主？其三，人工智能的发展是一种具有全球经济和社会影响的全球现象，应建立新的国际法，这样的国际法应当是基于个别司法管辖区法律与人工智能互动的实践，并因此确定法律保护的一般原则。那么，如何处理需要尽快规范领域的国家立法进程带来的国际影响？人工智能对国际贸易规则制定的影响有哪些？其四，安全规则的确立刻不容缓，那么，怎样加强企业界在研发人工智能领域的安全标准的国际合作？其五，怎样加强对强人工智能、超级人工智能的风险预判领域的国际对策，进而制订相应的长期战略计划？

（二）对人工智能国际治理的建议更加具体

1.联合国数字合作高级别小组：关于国际人工智能治理的提案

国际数字合作必须以有效的人工智能国际治理为基础。人工智能系统在短期和长期都存在许多跨界政策问题。联合国数字合作高级别小组提出了一个关于国际人工智能治理的提案。

提案认为，人工智能的国际治理应该建立在联合国下的一个机制上，这个机制应当是：包容性的，可以包容多方利益相关者的观点；可预期的，可以快速评估人工智能技术的社会、经济和政治影响；对快速发展的技术及其用途能及时、迅速地响应，并批判性地审查和更新其政策原则。关于建立的这个国际治理应当遵循的原则，该提案认为，人工智能的数字合作对于帮助利益相关者建立持续数字化转型的能力及支持安全和包容性的数字化未来至关重要。人工智能技术是两用的。它们为运输、医药、向可再生能源的过渡和提高生活水平提供了机会。有些系统甚至可用于加强国际法的监督和执法并改善治理。人工智能的国际治理也应该借鉴联合国的法律先例。除了国际法的一般原则外，可以从环境保护领域，诸如污染者付费原则、环境污染的因果关系举证责任倒置等原则和规则中寻找共性，进而服务于人工智能政策原则的确立。甚至，生物伦理学的价值观，如自治、善行（用于共同利益）、非严重性（确保 AI 系统不会造成伤害或侵犯人权）、正义也可以借鉴。治理还应对现有国际法文书做出回应，并认识到国际监管机构最近对人工智能创造更广泛的全球安全挑战所采取的监管措施。最后，虽然针对不同领域的人工智能治理制度会存在较强的专业特征，但应采取措施确保这些不同的标准或制度能够加强人工智能治理，而不是相互冲突。人工智能的国际治理应围绕一个专注、合法和资源充足的国际政治主体开展。例如，设计为联合国的一个专门机构（如世界卫生组织）、政府间国际组织（如世界贸易组织）或联合国大会附属机构（如联合国环境规划署）等。

关于人工智能的任何制度都应该实现以下 4 个目标。一是协调，协调和促进现有国际法和国际组织（专门机构和附属机构）框架下与人工智能国际治理有关的努力；二是全面覆盖，填补国际治理方面的现存空白，例如，在监测、决策和网络战中使用人工智能技术，在网络战和在决策中使用人工智能技术；三是合作与竞争，鼓励人工智能小组之间就公益事业开展国际合作；四是集体效益，确保人工智能技术公正、负责任地发展和公平分配利益。

在数字技术领域，包括人工智能和自主系统，创新周期通常极短，因此监管本身在该领域就具有挑战性。故所选择的治理机制必须灵活。鉴于创新周期越来越短，政策制定者还必须解决何时进行监管的问题。但是，应该避免采取严厉的监管行动。为了有效保护基本权利和价值观，应在人工智能领域对可能存在的潜在危险方法进行评估，以尽早避免和解决它们。在人工智能领域，鉴于预防原则的合理应用，至少在某些应用场景中，人工智能算法应该采用适当的事前控制措施。各种可能的决策工具强调，立法或国际公约不一定是需要最先使用来解决道德问题的工具，可以先使用技术标准化或认证等替代性监管措施。对于个人道德问题，可采用双边合同协议的方式解决。因此，在人工智能治理领域，可以通过分层治理模式对人工智能实施良好治理，包括均衡的政策组合，并结合适当的认证体系、技术标准和货币激励措施。

2.规范全球解决方案的人工智能建议

加密货币、个性化政治、广告黑客、自动驾驶车辆和自主武器等人工智能具体应用领域的问题已经成为现实，影响着国际贸易、政治和战争。为此，个人、公司和国家有必要努力解决其使用过程中的法律和道德问题。人工智能监督正在努力跟上快速变化的步伐和规模。许多司法管辖区的监管机构在预见到潜在损害时（如欧盟和GDPR）单独行事，导致各司法管辖区之间存在差异，因此，构建全球协调的治理架构将更加有利。全球问题需要全球解决方案，德国学者奥利维亚·埃尔德利（Olivia Erdelyi）和美国学者朱迪·戈德史密斯（Judy Goldsmith）联合建议，建立一个国际人工智能的监管机构，利用跨学科专业知识，为人工智能技术的监管创建一个统一的框架，并为世界各地的人工智能政策制定提供信息。

人工智能应用领域的风险日益增加，但法律监管方面依然有很多空白区。对这些具体领域的问题有必要进行监管。在考虑立法的时候，需要同时考虑立法监管超越国界的外部性问题，因为不同的国内立法往往会发生冲突，这与人工智能的全球性特点不符，会给该类技术的创新应用带来障碍。在治理该类问题上，需要尊重国家主权事宜，再从国际监管角度考虑和制定相关政策、法律和标准，以避免因分散的国内监管方法的不完善而产生风险。奥利维亚·埃尔德利和朱迪·戈德史密斯建议，成立一个新的政府间组织，可称为"国际人工智能组织"（IAIO），作为讨论和参与国际标准制定活动的国际论坛。IAIO 应该联合来自公共部门、行业和学术组织的多元化利益相关者，他们的跨学科专业知识可以帮助政策制定者完成规范这个新颖、极其复杂且在很大程度上属于未知领域的事物的任务。

在建立此组织的早期阶段，鼓励所有感兴趣的利益方的参与，并在他们之间进行广泛、深入的合作，使国家和国际决策者能够采取积极行动，且不对技术创新造成任何潜在的障碍。该组织最初可以做为关于人工智能相关事项的政策辩论的平台。然后，随着国际支持的深入和时间的推移，该组织将有望在监管中发挥越来越大的作用。

人工智能将从根本上改变全世界的人类社会。这一转变过程对任何一个国家都是不可避免的，各国希望真诚地合作。此外，由于与技术创新保持同步需要相当大的技术专长和能力，而国家之间的人工智能实力差距很大，有可能引起严重的权力失衡。人工智能领域的互动是相对崭新的领域，这意味着我们甚至无法掌握其中的频率和范围。许多人工智能的应用侵犯了人类最基本的权利，对人类构成了威胁，或者产生了深刻的道德问题，甚至可能破坏我们的法律体系。因此，需要一个国际的场合去观察各种不确定问题，以及针对这些问题展开激烈辩论。鉴于此，人工智能领域的国际监管共识的形成是需要时间的，制定具有严格约束力的国际合作框架为时尚早，但是灵活性的国际合作框架有助于厘清差异、建立共识。

总之，至少在最初阶段，IAIO 应该主要做"聚拢人气"的工作，虽然这种形式较为松散，但有利于提升参与方的积极性。另外，可以使用软法律文书，如非约束性建议、指南和标准，以支持国家政策制定者的构思和设计，以及与人工智能相关的监管政策。

该组织的临时目标应该是在各个国家制定自己的政策之前，尽早促进这一领域的国际合作。国际社会是否希望在未来的某个时刻走向更正式的合作，还有待观察。有时，非正规性会成为组织成功的关键，"在其他构成要素对机制有效性的改善效应超过缺乏法律约束力造成的消极影响时，在同一问题领域，非正式国际机制可能比正式的国际机制更有效"。例如，国际清算银行，其成立主要是为处理第一次世界大战后德国的战争赔偿及清算等业务。国际清算银行是一个股份制形式的国际金融组织，而并非政府间的金融决策机构，但其国际影响力甚至超越了有些政府机构。最初的非正式安排也可能会转变为正式的合作框架，如关税和贸易总协定（GATT）逐步转变为如今的世界贸易组织（WTO），这是一个非常成功、持续、互补和相互作用的例子。

此外，与IAIO建立有关的初步审议，应纳入跨学科的专家组合（如人工智能、法律、政治和道德背景），要合理设置运作和监管议程，并要促进与来自公共部门、行业和学术界的各种感兴趣的利益相关者定期地磋商，以确保适当考虑所有相关的观点。

3. 法国——加拿大关于国际人工智能小组（IPAI）的倡议

加拿大总理贾斯廷·特鲁多（Justin Trudeau）和法国数字事务部长马祖比（Mounir Mahjoubi）在G7峰会上宣布成立"国际人工智能小组"（IPAI）。国际人工智能小组的使命是支持和指导"负责任地采用以人为本，以人权、包容性、多样性、创新性和经济增长为基础的人工智能"，国际人工智能小组将以多利益攸关方的方式促进与科学界、工业界、民间社会组织和政府的国际合作。国际人工智能小组迫切需要衡量和预测人工智能系统的进展和影响，这可能包括在一系列认知领域和经济任务中评估人工智能的未来能力，盘点算法如何用于决策，分析新兴技术及探索潜在的未来影响，如就业问题。IPAI可以为人工智能技术的状态和趋势提供合法、权威的声音，但是如何利用专业知识和访问信息需要仔细设计。如果证明IPAI是成功的，它最终应该扩大到真正的政府间，并包含诸如武器控制和人工智能等缺失的问题。目前，IPAI可以为国际治理提供基本的信息，每3年进行一次评估及快速反应特别问题评估。

适当的人工智能治理有助于保护以人为中心的社会的持续良好运转。提高对相关风险的意识和行动，不应被误解为一种反创新的做法。相反，充分考虑风险的防范措施，才可以确保人工智能的构建和运行方式始终能够被个人用户和整个人类社会所接受。鉴于人工智能发展的速度、系统复杂性和不确定性，上述包含多样利益相关方的国际性的交流平台对于建立合法的国际程序、规范和共同遵守的伦理道德标准至关重要。

（三）人工智能领域的国际制度性话语权的"争夺"将成为热点

当前，针对人工智能的国际合作和讨论仅仅是拉开了人工智能时代全球治理的序幕。治理（governance）意味着做出和执行决策依赖程序，包括规范、政策、制度、法律等。好的治理意味着这些手段和机制是有效的、合法的、包容性的、适应性的。人工智能全球治理，需要国际社会在人工智能伦理、法律等制度层面形成具体共识，以确保人工智能可以造福于全人类和全世界的发展。

总体来看，全球主要国家对人工智能治理仍然仅停留在原则和框架层面。某些具体领域，如自动驾驶、数据隐私保护等领域的规则制定已经在各国开启。未来，人工智能领域的国际治理将同时存在 2 种趋势，且这 2 种趋势互相促进：其一，各国根据本国发展需要，并结合其国际战略，在人工智能具体应用领域，开展对原有法律规则调整和新规则的制定，并进而将其国内规则作为其对外政策的延续，支持和推动这些规则成为其争取人工智能全球治理制度性话语权的重要抓手，在某些具体领域的国际规则制定中争取主导权；其二，在伦理、道德等基础性原则和准则方面，各国有望选择性地支持现有的一些准则框架，或者支持形成一些新的准则框架，并在此基础上积极参与某一个或某一些逐渐具有影响力的国际平台的讨论，引导并达成更多的符合自身发展利益和他国共同利益的国际共识，并最终以在国际层面用软法的形式确定下来，约束政府、企业和个人在开发、利用人工智能方面的行为。

目前，发达国家通过人工智能技术创新掌控了产业链的上游资源，难以逾越的技术鸿沟和产业壁垒有可能进一步拉大发达国家和发展中国家的生产力发展水平差距。但在人工智能法律和伦理规范领域，发展中国家仍有可能依托对现有产业的转型升级和对未来产业趋势的紧密把握，形成规则制定的对策性和战略性的方案储备，并通过积极参与相关领域的国际合作来影响人工智能的全球治理发展方向。

人工智能将改善人们的福利和福祉，促进积极的可持续全球经济活动，提高创新和生产力，并帮助应对重大的全球挑战。在从弱人工智能走向强人工智能的过程中，我们将不断解决由人工智能技术突破所带来的伦理、法律、政治、经济和社会等各方面的新问题，并将同时迎来新的挑战。未来，人类需要秉持着"人类命运共同体"的发展理念，不断研究和应对这些新问题、新挑战，共同处理好人与人、人与自然、人与机器等的多重关系。

三、人工智能法律发展对其伦理化问题的影响

（一）人工智能法律化

人工智能的法律化是目前一个重要的趋势，是人工智能受到法律调节、为法律所规制的一种状态。人工智能需要法律调节，法律也在不断推动人工智能的发展。前人工智能时代，也就是在机器人仍仅仅是一些简单的执行者和纯工具的阶段，法律规制就在显效，当时的法律大体可以解决曾经出现的机器变革。

人工智能时代正式宣告诞生以来，也就是人类当前所处的弱人工智能时代，法律对人工智能的规制表现出两面性：一方面，法律试图规制人工智能社会关系；另一方面，法律对人工智能的规制往往具有不确定性。这一阶段，法律对人工智能的规制，既有前人工智能时代的稳定性

特点，也出现了一些新的变化，即开始面临是否需要赋予人工智能法律地位、相关责任如何分配和承担，以及人工智能赖以发挥作用的数据之开放与个人隐私保护之间的界限如何确定等全新的法律问题。

根据计算机科学家和人工智能专家周雪（Michelle Zhou）的说法，人工智能的3个特征促成了它在整个社会中的传播，包括识别智能，其中模式识别算法用于检测场景中的边缘和线条；认知智能，其中使用算法从场景数据的分析中做出推论；模拟人类，像人类一样思考、行动。结合人工智能的前两个特征允许系统之间的自治程度，这些系统开始在许多法律领域挑战既定的法律学说，但这些是可以预期的，因为在"低技术"和非自主机器的时代，即在开始使用人工智能技术之前，制定了适用于使用人工智能系统的许多法律原则，并且也适用于广泛地应用。但是，使用人工智能的应用程序越来越多，在规范下一个变革技术时，立法者应审慎制定一套规则，这些规则应该涵盖已经存在的人工智能对世界采取行动的一般原则。鉴于不同的法律领域均会在未来受到挑战，需要制定一套管理人工智能的法律框架，因为未来的强人工智能和超人工智能具有伤害人类的潜在危险，也有作为独立的个体从事商业活动的潜力，更准确地说未来的人工智能具有违反《刑法》等法规的潜在危险。

人类自主运作的"虚拟化身"是否可以作为代理人？产品责任法是否适用于算法和软件？算法是否是可授予专利的主题，以及在刑事诉讼中，依据人工智能获得的证据之间如何相互质证，如何确定证据的采信？等。这些只是人工智能法关注的几个问题。此外，当人工智能实体伤害人或损害财产时，如何分配责任？当无法合理预测自动化智能系统的行为和风险时，人们如何构建和部署自动化智能系统？鉴于当前法律并未赋予人工智能法律主体地位①，因此，对人工智能造成的侵权等后果，要求生产者承担严格责任，即无过错责任，是一种可供探讨的思路。

---

① 这里的非法律主体强调人工智能不具有权利能力和行为能力。

由于人工智能可能导致财产损失或危害人类，因此，法院或立法者可能会被要求对计划的创建者和此类计划的执行者施加严格的责任。

不仅如此，人工智能法律化还主要表现在具体的法律实践方面。例如，根据知识产权相关法律，谁拥有算法所创作的原创作品的版权，谁应该获得由本身源于机器学习技术的算法独立创造的发明的专利。此外，如果一个系统是由人工智能控制的，并且对人类来说以新颖和不可测的方式执行任务，造成人身伤害或者财产损失，法院该追究谁的责任？虽然人类与日益智能的机器交互造成的伤害责任分配问题是法律研究者和法院关注的问题，但在这种情况下，除了人为错误外，可能的因果关系是软件和算法控制机器的行为所致，即机器传感器、微处理器和计算机视觉系统中嵌入的人工智能。在这种情况下，机器不能超越一些指导其行为的简单规则的思考，缺乏智慧。在这一阶段，人工智能尚不能对自己的行为负责。但随着人工智能自主意识的增强，对法律的挑战将更大。

（二）人工智能涉及的具体法律问题

2018年3月中旬，媒体称一家服务于特朗普竞选团队的数据分析公司——"剑桥分析"获得Facebook超5000万用户数据，并进行违规滥用。4月6日，美国消费者团体向联邦监管机构提起诉讼，认为Facebook通过其面部识别软件已经侵犯了用户的隐私权。该案引起了对于科技企业监管的大讨论。人工智能法律化要面向的具体问题主要是对人工智能的问责，包括法律责任的划分及法律责任的承担，这些正是当前人工智能发展面临的主要法律挑战。人工智能的许多问题都与缺乏针对法律和道德问题的具体法规有关。

作为人工智能政策和法律的制定者，政府监管机构的目标应该是起草不会扼杀人工智能研究的立法，但仍然保护公众免受人工智能接近时的可能威胁。人工智能的哪些特征挑战了既定的法律领域应成为人工智能法关注的重点。驱动"人工智能革命"并对当前法律学说提出挑战的是人工智能的分析技术和算法，它们使机器能够超越其原始编程进行自主操作。此外，人工智能也控制着数字实体，而这一事实本身就会在法律制定中产生紧张关系，这种紧张关系超越了越来越智能的机器所创造的那些可以预期的对立状态，并暗示着一种仅仅专注于"智能机器"的法律将无法充分涵盖人工智能所控制的全部技术。此外，对于那些倡导人工智能调节的人，还需要考虑人工智能的其他功能，例如，人工智能提升人类自主行动的能力、参与创造性解决问题的能力，以及存在的物理或数字实体本身。目前，各国关注的人工智能领域法律问题涵盖人格权法、侵权法、知识产权法、数据安全法、竞争法和国际法等多方面。其中，侵权法、数据安全法、知识产权法和竞争法领域问题的讨论最为激烈。

　　第一，侵权法问题。侵权法是可能会受人工智能影响的最重要的法律发展领域。其中，产品责任法也适用于自动驾驶汽车、机器人和其他"移动"人工智能启用或自动系统，违反法定义务的侵权行为的责任分配将取决于具体的产品责任法律的规定。"静态"和"移动"的人工智能可能会让它们的提供者和用户也牵涉责任分配中。"过错责任"和"无过错责任"的认定可能会随着人工智能的发展而有所变化。第二，数据安全法问题。拥有和访问数据对于人工智能的发展至关重要，并将成为人工智能中许多挑战的核心。数据类型是多样的，其中一些是公开的，一些是私有的，它们的使用引起了与可能使用或不使用哪些数据有关的担忧，如侵犯隐私及在何种程度上侵犯隐私。有些数据，数据主体了解并同意其用于某些目的，例如，公共或私人医疗服务提供者收集的患者信息，以及可能涉及个人或敏感数据的地理空间信息。数据保护问题的另一面是数据垄断。拥有大量数据的公司获得支配地位，从而将较小的参与者（如大学和创业公司）排除在同等水平之外，这减少了后者在人工智能开发方面的机会，这类风险也需要法律防范。另一个争论是，大公司所拥有的数据是否应该与公共部门机构分享。目前，已经有国家正在讨论制定特定监管框架（如知识产权工具）的问题，以解决数据、数据集和数据库所有权的法律性质和监管问题，例如，欧洲的《一般数据保护条例》（*General Data Protect Regulation*，GDPR），该条例主要涉及隐私权，公民对透明度、信息和控制的需求，以何种方式使用个人信息及明确同意的必要性。消费者已经开始关注获得有用服务和放弃个人信息之间的权衡。这些可能会更加复杂，特别是考虑到自动驾驶汽车、智能电表和电子商务等新应用产生的大量个人数据。人工智能政策法律界必须对人工智能工业界提出"道德行为准则"和法律规制的要求，但同时如何激励技术创新呢？作为人工智能时代工业生产的主要生产资料——数据，给法律规制带来了新的挑战。每个国家都可以根据自己的文化制定自己的数据保护和数据隐私法。

第三，知识产权法问题。人工智能将为知识产权法的发展提供重要的推动力，尤其是机器和认知学习开始使计算机能够产生新的作品并创造新颖的做事方式。在版权领域，出现了一个关键问题，涉及人工智能系统产生的版权作品的所有权归属问题。在开发和使用可能导致新版权作品的人工智能系统时，所订立的合同中应当包括新的版权的所有权归属、转让和许可的适当且明确的条款。同样，使用人工智能系统也可能会产生新的发明，这类由人工智能系统所产生的发明很可能具有专利性。那么，签订相关合同的各方也应在合同中明确规定人工智能系统所产生的发明之专利权的归属、转让和许可事宜。

人工智能有望彻底改变各个领域的流程。可以预见，人工智能还将影响知识产权，特别是专利权及其管理。这可能是一个双向过程：一方面，人工智能的发展将影响并纳入知识产权管理；另一方面，知识产权政策和实践将与人工智能管理创新战略相互作用。专利制度是全球知识经济的支柱，因此必须坚持和发展。这种情况要求专利制度能够再次兑现最初的承诺。众所周知，专利的存在，是在确定专利权人的权利及其合法收益的同时，激励专利权人公开其必要的专利技术实现过程的相关材料，以便使后续发明者不至于从头开始，而是站在巨人的肩膀上进行研究。从这个意义上可以说，"专利"意味着"开放"。人工智能发展背景下的专利问题，除了与拥有主要使用算法系统的发明人有关的具体问题外，最根本的挑战是专利系统如何促进更多（或至少不会杀死）与软件相关的创新生态系统所必需的协作，而不是成为一种障碍。

第四，竞争法问题。只有少数几家在人工智能方面具有较强商业利益的高科技公司和活跃的研究实验室，通过收购和兼并在人工智能领域取得了主导地位，这些并购活动引发了外界的担忧，尤其是对其垄断行为的担忧，即当前的反垄断法是否会有效地规范人工智能产业？更具体地说，算法本身的功能可能导致合同违规。企业可能会借助算法进行勾结，抑或进行歧视性定价。

用于训练人工智能的数据可能影响其学习内容及响应方式，应优先考虑在人工智能中创建开放式培训数据和开放数据标准。在为人工智能产品制定监管政策时，应借助适当的专业知识。鉴于人工智能技术的复杂性，该领域专业知识对于向立法者通报人工智能的范围和能力至关重要。教育机构应将道德和安全、隐私和安全相关主题纳入人工智能、机器学习、计算机科学和数据科学课程。从挑战既定法律和政策的角度来看，越来越智能的技术最重要的方面是控制实体的人工智能的算法和分析技术。由于人工智能控制的系统越来越自治，立法者需要采取行动以响应智能技术的进步。

参考文献

[1] 常成. 人工智能技术及应用 [M]. 西安：西安电子科技大学出版社，2021.

[2] 闵庆飞，刘志勇. 人工智能：技术、商业与社会 [M]. 北京：机械工业出版社，2021.

[3] 杨正洪. 人工智能技术入门 [M]. 北京：清华大学出版社，2020.

[4] 姚金玲，阎红. 人工智能技术基础 [M]. 重庆：重庆大学出版社，2021.

[5] 李修全. 智能化变革：人工智能技术进化与价值创造 [M]. 北京：清华大学出版社，2021.

[6] 何琼，楼桦，周彦兵. 人工智能技术应用 [M]. 北京：高等教育出版社，2020.

[7] 王建华，王万森. 人工智能技术与应用 [M]. 广州：广东教育出版社，2020.

[8] 程显毅，任越美，孙丽丽. 人工智能技术及应用 [M]. 北京：机械工业出版社，2020.

[9] 阿南德·德什潘德，马尼什·库马（Manish Kumar）. 人工智能技术与大数据 [M]. 赵运枫，黄伟哲，译. 北京：人民邮电出版社，2020.

[10] 钟跃崎. 人工智能技术原理与应用 [M]. 上海：东华大学出版社，2020.

[11] 刘鹏，孙元强. 人工智能应用技术基础 [M]. 西安：西安电子科技大学出版社，2020.

[12] 杨杰，黄晓霖，高岳，等. 人工智能基础 [M]. 北京：机械工业出版社，2020.

[13] 刘刚，张杲峰，周庆国 . 人工智能导论 [M]. 北京：北京邮电大学出版社，2020.

[14] 李清娟，岳中刚，余典范 . 人工智能与产业变革 [M]. 上海：上海财经大学出版社，2020.

[15] 戴夫·邦德 . 人工智能 [M]. 徐婧，原蓉洁，译 . 广州：广东科技出版社，2020.

[16] 李公法，陶波，熊禾根 . 人工智能与计算智能及其应用 [M]. 武汉：华中科技大学出版社，2020.

[17] 任友群 . 人工智能 [M]. 上海：上海教育出版社，2020.

[18] 施鹤群 . 人工智能简史 [M]. 上海：上海科学技术文献出版社，2020.

[19] 周苏，张泳 . 人工智能导论 [M]. 北京：机械工业出版社，2020.

[20] 赵楠，谭惠文 . 人工智能技术的发展及应用分析 [J]. 中国电子科学研究院学报，2021（7）：737-740.

[21] 蒲彬 . 人工智能技术在移动互联网发展中的应用 [J]. 科技风，2021（15）：79-80.

[22] 胡正胜，简淑女 . 人工智能发展及其在云计算机技术中的应用 [J]. 电脑知识与技术，2021（14）：157-158，161.

[23] 李瑞霞，马伊栋，潘世生 . 嵌入式人工智能的应用与展望 [J]. 电子世界，2021（4）：8-9.

[24] 吴善科 . 工业人工智能及应用研究现状及展望 [J]. 消费电子，2021（6）：21，30.

[25] 张淼 . 人工智能的应用问题及解决路径 [J]. 濮阳职业技术学院学报，2021（3）：13-16.

[26] 李梦薇，徐峰，高芳 . 人工智能应用场景的界定与开发 [J]. 中国科技论坛，2021（6）：171-179.

[27] 崔亚东 . 人工智能应用与治理 [J]. 行政管理改革，2020（6）：4-10.

[28] 胥克良 . 浅谈人工智能的应用及发展 [J]. 中国金融电脑，2020（5）：64-67.

[29] 王光文 . 基于人工智能应用的文化产业发展系统问题及优化 [J]. 深圳大学学报（人文社会科学版），2020（3）：51-59.

[30] 魏航 . 云计算网络人工智能的应用研究 [J].IT 经理世界，2020（1）：45.

[31] 余献平 . 人工智能应用及发展趋势探索 [J]. 数字技术与应用，2020（11）：53-55.

[32] 黄勇 . 人工智能应用及关键技术分析 [J]. 信息与电脑（理论版），2020（13）：108-110.

[33] 张雷，吴迪 . 人工智能的应用现状及关键技术研究 [J]. 信息与电脑（理论版），2020（10）：122-124.

[34] 赵宗玉 . 人工智能技术现状剖析 [J]. 中国安防，2020（3）：29-33.

[35] 任成 . 人工智能技术发展综述 [J]. 中国安防，2020（10）：81-83.

[36] 张志松 . 人工智能技术发展的伦理反思 [J]. 人物画报（中旬刊），2020（4）：107.

后　记

　　不知不觉间，本书的撰写工作已经接近尾声，颇有不舍之情。本书是作者在研究人工智能领域数年后的一部投入大量精力与数据调研、分析的作品，倾注了作者的全部心血，想到本书的出版能够为人工智能技术的发展与应用提供一定的帮助，作者颇感欣慰。同时，本书在创作过程中得到了学术界和科技界的广泛支持，在此表示深深地感激！

　　本书通过各章节深入浅出地分析，探讨了关于人工智能技术的应用与发展。通过理论与案例分析，找到最具特色的人工智能的发展之路，使我国人工智能技术的发展驶入快车道。

　　本书是在借鉴了大量国内外学者的研究资料，并总结作者自身多年的实践经验的基础上完成的，但由于作者时间、精力有限，以及作者自身理论与实践知识的不完善，本书可能存在缺陷与不足，对此，希望各位专家学者和业界同人予以批评指教，以期本书在不断地修改中进一步完善。